FORSCHUNGSBERICHTE
DES WIRTSCHAFTS- UND VERKEHRSMINISTERIUMS
NORDRHEIN-WESTFALEN

Herausgegeben von Staatssekretär Prof. Leo Brandt

Nr. 158

Dipl.-Ing. W. Rosenkranz

Ein Beitrag zum Problem der Spannungskorrosion bei
Preßprofilen und Preßteilen aus Aluminium-Legierungen

aus der
Entwicklungsabteilung der Otto Fuchs KG., Metallwerke, Meinerzhagen

Als Manuskript gedruckt

SPRINGER FACHMEDIEN WIESBADEN GMBH

ISBN 978-3-663-03205-2   ISBN 978-3-663-04394-2 (eBook)
DOI 10.1007/978-3-663-04394-2

Forschungsberichte des Wirtschafts- und Verkehrsministeriums Nordrhein-Westfalen

G l i e d e r u n g

A. Einleitung und Überblick .... S. 5

B. Praktische Beobachtungen und Erfahrungen .... S. 7

C. Spannungskorrosionsversuche mit gebogenen T-Profilen
   in Bewitterung .... S. 10

D. Versuche über den Widerspruch zwischen den Ergebnissen mit
   der Gabelprobe in NaCl-Lösung und denen mit der Biegeprobe
   in Bewitterung .... S. 17

E. Die Bedeutung des elektrochemischen Potentials für die
   Entstehung von Spannungskorrosionsrissen .... S. 34

F. Der Einfluß von legierungs- und verarbeitungstechnischen
   Maßnahmen auf die Potentialunterschiede zwischen
   Mischkristall und Korngrenze und damit auf das
   Spannungskorrosionsverhalten .... S. 38

G. Die Wirkungsweise des Chroms .... S. 42

   1. Beobachtungen an korrodierten, Cr-haltigen Al Zn Mg-Proben S. 42
   2. Gefügeuntersuchungen an Cr-haltigem Al Zn Mg-Guß .... S. 53
   3. Gefügeuntersuchungen an Cr-haltigen Al Zn Mg-Preßprofilen S. 64
   4. Spannungskorrosions- und Gefügeuntersuchungen an
      Al Zn Mg-Legierungen verschiedener Zusammensetzung und
      verschiedener Behandlung .... S. 79
   5. Versuch einer Deutung der Ergebnisse über den Einfluß
      des Cr auf die Spannungskorrosion .... S. 94

Zusammenfassung .... S. 96

Forschungsberichte des Wirtschafts- und Verkehrsministeriums Nordrhein-Westfalen

A. Einleitung und Überblick

Das Problem der Spannungskorrosion ist besonders eingehend in Zusammenhang mit der Entwicklung der hochfesten Al Zn Mg - Legierungen untersucht worden. Dieser Werkstoff war wegen seiner hohen Festigkeitseigenschaften, die zuerst von W. GÜRTLER und Mitarbeitern entdeckt wurden und die diejenigen der Al Cu Mg - Legierungen noch überschritten, selbstverständlich von erheblichem Interesse. Seiner praktischen Anwendung stand jedoch das ungünstige Spannungskorrosionsverhalten lange Zeit im Wege, so daß sich der Lösung dieses schwierigen Problems eine große Anzahl von Forschungsinstituten zuwandte und in umfangreichen Untersuchungen seiner Klärung näherzukommen versuchte. Es würde zu weit führen, an dieser Stelle auf die einzelnen Entwicklungsstufen genauer einzugehen, die schließlich zu einer weitgehenden Beherrschung der Frage der Spannungskorrosion bei den Al Zn Mg - Legierungen führte. Wesentlich waren auf diesem weiten Wege die folgenden Feststellungen:

1. Gewisse Elemente, die teils in Al löslich sind, z.B. Cu und die teils in Al nur eine verhältnismäßig geringe Löslichkeit - verbunden mit einem Peritektikum - aufweisen, wie Cr [1], [2], V [3], Ti [4] und in geringem Umfange auch Mn, vermögen das Verhalten der zu Spannungskorrosion neigenden Al Zn Mg - Legierungen zu verbessern.

2. Eine langsame oder stufenweise Abschreckung im Anschluß an die Lösungsglühung wirkt sich ebenfalls sehr günstig aus [5].

Aus Gründen der einfacheren Fabrikationsgestaltung und der Erzielung höchster Festigkeitseigenschaften setzten sich in Deutschland - insbesondere während der letzten Kriegsjahre - die Legierungen durch, bei denen eine ausreichende Spannungskorrosionsbeständigkeit durch Zusatz der sogenannten "Stabilisatoren", insbesondere des Cr, gewährleistet war.

---

1. H. VOSSKÜHLER, Jahrbuch 1937 d.Dt.Luftfahrtforschung I 524/527.
2. I. IGARASHI und G. KITAHARA, I.Soc.Aeronaut.Science Nippon, 9)1939) S. 982 - 996.
3. W. BUNGARDT und G. SCHAITBERGER, Luftfahrtforschung B. 18. S. 26/31 und "Aluminium" Nov. 1941, Nr. 11, S. 541/46.
W. BUNGARDT, Über kupferfreie Al Zn Mg-Austausch-Legierungen für den Fliegwerkstoff 3115. Ber.A 69 der Lilienthalgesellschaft für Luftfahrtforschung 1940 12 IV. S. 11/15.
4. H.G. PETRI, G. SIEBEL und H. VOSSKÜHLER, "Aluminium" 26. Heft 1, Januar 1944, S. 2/1o.
5. P. BRENNER, "Aluminium" 28. Heft 7/8, Juli/August 1952.

Die Entwicklungsarbeiten waren Ende des Jahres 1941 soweit gediehen, daß zu dieser Zeit ein Leistungsblatt für den Fliegwerkstoff 3425, der auch unter Bezeichnung der I.G. Farbenindustrie A.G. - Hy 43 - bekannt geworden ist, aufgestellt werden konnte. Die chemische Zusammensetzung dieses Werkstoffes, deren zweckmäßige Abgrenzung besonders den Untersuchungen von W. BUNGARDT und G. SCHAITBERGER [6] und G. SIEBEL und H. VOSSKÜHLER [7] zu verdanken ist, war folgende:

$$
\begin{aligned}
&4,3 - 4,8 \text{ \% Zn} \\
&3,3 - 3,8 \text{ \% Mg} \\
&0,1 - 0,5 \text{ \% Mn} \\
&0,2 - 0,6 \text{ \% Cu} \\
&0,1 - 0,2 \text{ \% Cr} \\
&0,02 - 0,06 \text{ \% V} \\
&< 0,4 \text{ \% Si} \\
&< 0,5 \text{ \% Fe} \\
&< 0,1 \text{ \% Ti}
\end{aligned}
$$

Für diesen Werkstoff, der ausschließlich in Form von Strangpreßprofilen und Gesenkpreßteilen serienmäßige Verwendung fand, wurden im warmausgehärteten Zustand folgende mechanischen Eigenschaften als Mindestwerte garantiert:

$$
\begin{aligned}
\text{Zugfestigkeit } - \sigma_B &= 50 \text{ kg/mm}^2 \\
\text{Streckgrenze } \sigma_{0,2} &= 42 \text{ "} \\
\text{Bruchdehnung } \delta_5 &= 8 \text{ \%}
\end{aligned}
$$

Im Hinblick auf die Vermeidung einer zu großen Sprödigkeit wurde außer den genannten Mindestwerten ein maximales Streckgrenzenverhältnis von 90 % festgelegt, was bei zweckmäßiger Durchführung der Warmaushärtung auch ohne Schwierigkeiten mit den übrigen Werten in Einklang gebracht werden konnte.

Auch das Spannungskorrosionsverhalten wurde in die Abnahmeprüfungen einbezogen und zwar in der Weise, daß aus einem bestimmten nach Größe und Bedeutung der Profile abgestuften Prozentsatz von Profilen Gabelproben nach MATTHAES [8] entnommen wurden, die im Wechseltauchgerät und 3 %iger

---

6. W. BUNGARDT und W. SCHAITBERGER, "Metallwirtschaft" 20, 7/9/724 (1941).
7. G. SIEBEL und A. VOSSKÜHLER, "Metallwirtschaft" 19, 1167/1170 (1940).
8. K. MATTHAES, Jahrbuch Lilienthalges. Luftfahrtforschung (1936) 404/30.

NaCl-Lösung geprüft wurden. Unter diesen Prüfbedingungen, die auch in den neuen Entwurf des Normblattes DIN 50908 (Februar 1953) für die Prüfung der Spannungskorrosion von Leichtmetallen aufgenommen wurden, galt eine genügende Spannungskorrosionsbeständigkeit dann als gewährleistet, wenn 20 % aller Proben mindestens 5 Tage, die übrigen 80 % jedoch mindestens 10 Tage ohne Bruch aushielten. Auch diese Prüfbedingungen konnten ohne Schwierigkeiten bei der Legierung Hy 43 eingehalten werden.

B. Praktische Beobachtungen und Erfahrungen

In den Jahren 1942 - 1944 wurden im Anschluß an eine vorhergehende Erprobung insgesamt etwa 6000 t Halbzeug in einem sich während dieser Jahre allmählich steigerndem Umfange für den Serienbau von Flugzeugen hergestellt. Diese zum weitaus größten Teil von der I.G. Bitterfeld gelieferte Menge, die sich zu etwa 80 % aus hochbeanspruchten Preßprofilen und zu 20 % aus Gesenkpreßteilen zusammensetzte, bot Gelegenheit, abgesehen von der laufenden Abnahmeprüfung auch sehr aufschlußreiche praktische Beobachtungen in Hinblick auf das Spannungskorrosionsverhalten des Werkstoffes zu machen. Diese Beobachtungen schienen nun anzudeuten, daß in einer Reihe von Fällen die mit der Gabelprobe in 3 %iger NaCl-Lösung und im Wechseltauchgerät erzielten Prüfergebnisse nicht mit dem wirklichen Spannungskorrosionsverhalten der Werkstoffe übereinstimmten. Vor allem zeigte sich dieser Widerspruch bei einem Vergleich der Legierungen vom Al Cu Mg-Typ und der Legierung Hy 43. Während wir im Zeitraum von mehreren Jahren bei der Gattung Al Cu Mg keinerlei Spannungskorrosionsrisse an Teilen, die der normalen Industrieatmosphäre ausgesetzt waren, beobachten konnten, was im übrigen wohl auch, abgesehen von vereinzelten Fällen, bei der übrigen Halbzeugindustrie in Deutschland der Fall war, traten bei Hy 43-Teilen in örtlich bewußt oder unbewußt plastisch deformierten Zonen mehrfach typische Spannungskorrosionsrisse auf, vor allem dann, wenn die Verformung im warmausgehärtetem Zustand erfolgt war. Wenn z.B. ein T-Profil in einer der Abbildung 1 (s. Seite 8) entsprechenden Weise gebogen wird, so bildet der Steg eine Wellenlinie, wodurch plastisch gestauchte und plastisch gestreckte Bereiche entstehen. Nach der Entnahme der Probe aus der Biegevorrichtung hat der Flansch des T-Profils das Bestreben zurückzufedern. Hierbei werden die plastisch gestauchten Zonen des Steges elastisch auf Zug, die plastisch gestreckten Zonen hingegen elastisch auf

Forschungsberichte des Wirtschafts- und Verkehrsministeriums Nordrhein-Westfalen

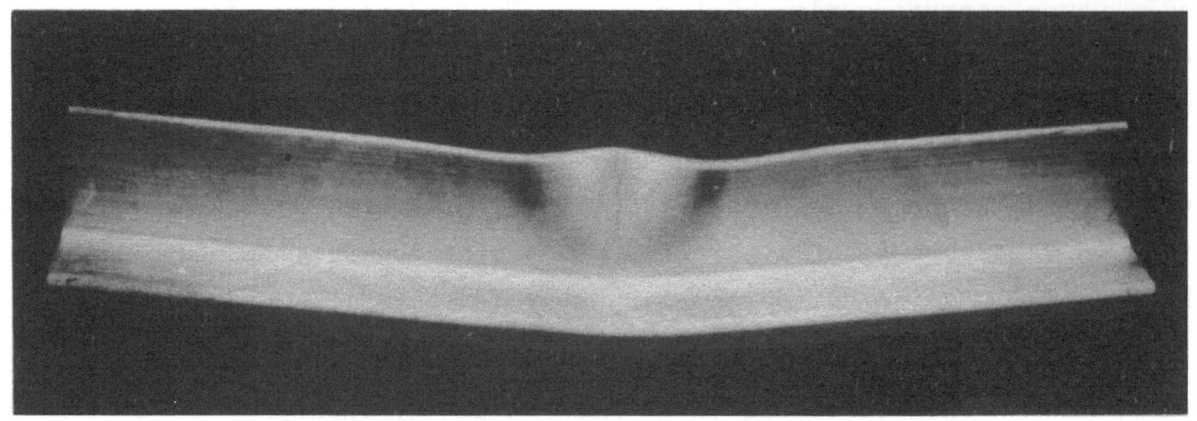

Abbildung 1a

Gebogenes T-Profil mit Spannungskorrosionsrissen in der plastisch gestauchten Zone; ca. 0,5 x

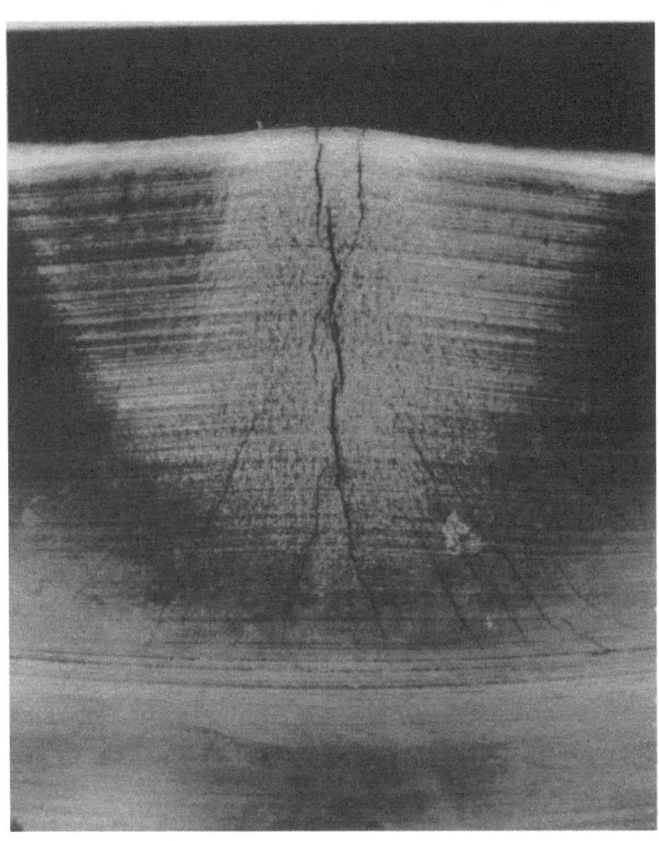

Abbildung 1b

Wie Abbildung 1a, jedoch stärker vergrößert; ca. 1,5 x

Druck beansprucht. Setzt man derartige Proben der Korrosion in Bewitterung aus, so entstehen nach mehr oder weniger langen Zeiten typische

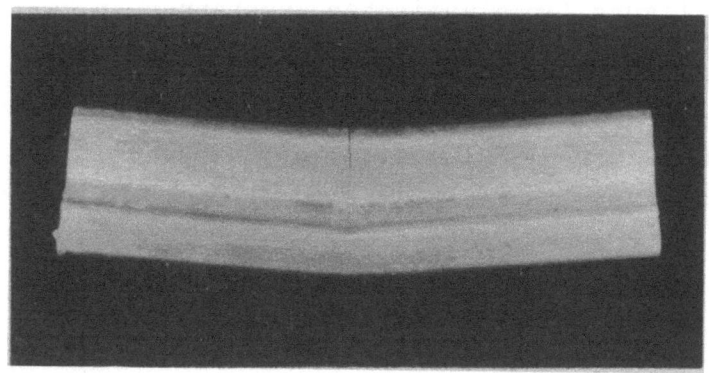

Abbildung 2
Kleines gebogenes T-Profil mit Spannungskorrosionsriß
in dem gestauchten Bereich   ca. 1 x

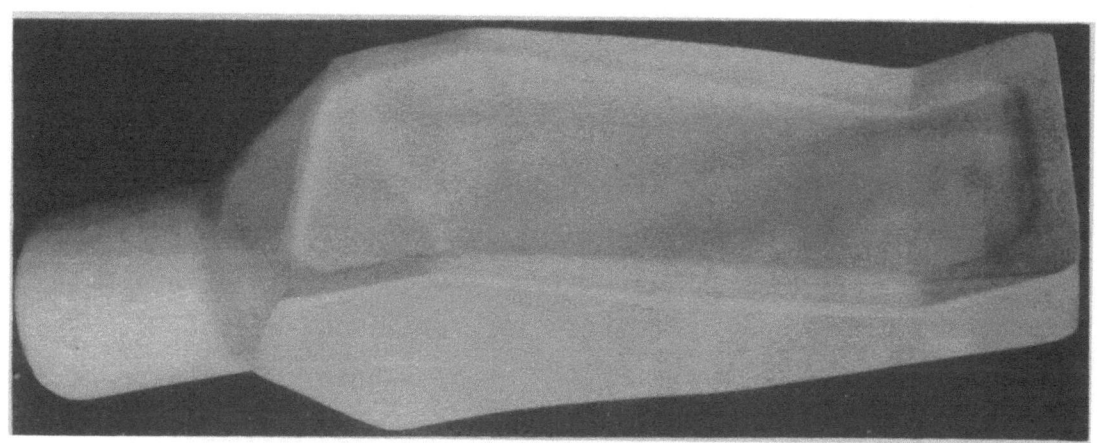

Abbildung 3
Gesenkpreßteil, bei dem infolge starker Abschreckspannungen
am Übergang vom dicken zum dünnen Querschnitt
Spannungskorrosionsrisse entstanden   ca. 0,5 x

Spannungskorrosionsrisse, wie die Abbildung 1 zeigt. Auch bei T-Profilen, die nach dem Biegen keine Wellenform des Steges zeigen, sondern bei denen der Steg in der äußeren Faser nur gestaucht wird, treten Risse bei Bewitterung auf. Sie sind in der Abbildung 2 deutlich sichtbar. Biegt man nun derartige Profile beispielsweise zunächst auf $10°$ und dann wieder um den geringen Betrag von $1 - 2°$ in der umgekehrten Richtung zurück, so werden die elastischen Zugspannungen aus den plastisch deformierten Bereichen entfernt; es entsteht infolgedessen auch kein Spannungskorrosionsriß.

Eine solche Beseitigung der elastischen Zugspannungen kann man auch erreichen, indem man den einen Schenkel des gebogenen T-Profils auf einer Platte befestigt und unter den anderen schräg nach oben stehenden Schenkel einen Keil mit einem Winkel treibt, der um etwa $1°$ größer ist als der Biegewinkel des Profils. Auch in solchen Fällen tritt keine Spannungskorrosion ein.

Interessant war ferner noch die Beobachtung, daß an den aufgestauchten Rändern von Brinellhärteeindrücken ebenfalls Risse entstanden. Die Reihe unserer Beispiele soll abgeschlossen werden mit einem Gesenkpreßteil, bei dem am Übergang von einem dicken zu einem dünnen Querschnitt Spannungskorrosionsrisse beobachtet wurden. Ihre Anordnung ist in der Abbildung 3 (s. Seite 9) erkennbar. Das Teil, welches große und plötzliche Querschnittsänderungen aufweist, wurde in kaltem Wasser abgeschreckt und enthielt auf Grund des Zusammenwirkens der geschilderten Umstände bei vermutlich auch plastischen Deformationen so starke Spannungen, daß sich Risse in den Übergangszonen bildeten.

Wir waren bei der Besprechung dieser Beispiele davon ausgegangen, daß die hier mitgeteilten Beobachtungen nur bei der Legierung Hy 43, nicht jedoch bei Legierungen des Al Cu Mg-Typs gemacht wurden. Diese Tatsache veranlaßte uns, eine Reihe systematischer Vergleichsversuche zwischen den Legierungen 24 ST, 75 S und Hy 43 durchzuführen, auf die im nächsten Abschnitt näher eingegangen werden soll.

C. Spannungskorrosionsversuche mit gebogenen T-Profilen in Bewitterung

Die für die Versuche benutzten Blöcke wurden nach dem Wassergußverfahren hergestellt und hatten einen Durchmesser von 165 mm. Die chemische Zusammensetzung war folgende:

Tabelle 1

Chemische Zusammensetzung der für die Spannungskorrosionsversuche benutzten Gußblöcke

Leg.	Cu %	Mn %	Fe %	Mg %	Si %	Zn %	Cr %	Al %
24 S	4,41	0,73	0,30	1,27	0,28	0,15	-	Rest
75 S	1,07	0,52	0,34	2,01	0,27	5,42	0,21	"
Hy 43	0,25	0,30	0,32	3,25	0,18	4,88	0,16	"

Diese Blöcke wurden auf einer 1500 t - Presse bei ca. 450° zu T-Profilen der in der Abbildung 1 dargestellten Form verpreßt. Für die Versuche wurde nur der mittlere Teil der Profillängen benutzt, um einen evtl. vorhandenen Einfluß von Gefügeunterschieden zwischen dem Anfang und dem Ende auszuschalten. Die Profile wurden dann in Probeabschnitte von 280 mm Länge aufgeteilt. Die Lösungsglühung dieser Abschnitte erfolgte im Salzbad und zwar wie folgt:

$$\begin{array}{lll} 24 \text{ S:} & 10 \text{ Min.} & 495° \\ 75 \text{ S:} & 10 \text{ "} & 470° \\ \text{Hy } 43: & 10 \text{ "} & 440° \end{array}$$

Alle Abschnitte wurden nach einer Zeit von 10 - 15 sec. in Wasser von Raumtemperatur abgeschreckt und folgendermaßen weiterbehandelt:

Hy 43.

a) Je 5 Proben wurden nach einer Raumtemperatur-Lagerung von mindestens 10 Tagen 5, 10, 20, 50, 100 und 200 Stunden bei 80, 100, 120 und 140° angelassen und im warmausgehärteten Zustand um 13° gebogen.

b) Je 5 weitere Proben wurden nach fast beendeter Kaltaushärtung um ebenfalls 13° gebogen und anschließend 5, 10, 20, 50, 100 und 200 Stunden bei 100° angelassen.

c) 5 Proben wurden 1 Tag nach dem Abschrecken um 13° gebogen und in diesem Zustand geprüft.

d) 5 Proben wurden 3 Monate nach dem Abschrecken um 13° gebogen und dann geprüft.

75 S.

a) Je 5 Proben wurden in gleicher Weise wie unter Punkt Hy 43 - a behandelt. Es wurde jedoch nur eine Anlaßtemperatur und zwar 100° angewandt.

b) wie Hy 43 - b.

c) wie Hy 43 - c.

d) wie Hy 43 - d.

24 S.

a) Je 5 Proben wurden nach einer Raumtemperatur-Lagerung von mindestens 10 Tagen 5, 10, 20, 40, 60 und 100 Stunden bei 175° angelassen und in diesem warmausgehärteten Zustand um 13° gebogen.

b) Bei je 5 Proben wurde das Biegen um 13° im kaltausgehärteten Zustand vorgenommen und anschließend 5, 10, 20, 40, 60 und 100 Stunden bei 175° angelassen.

Forschungsberichte des Wirtschafts- und Verkehrsministeriums Nordrhein-Westfalen

c) wie Hy 43 - c
d) wie Hy 43 - d

Die in der beschriebenen Weise behandelten Proben wurden der verhältnismäßig reinen Industrie-Atmosphäre in Meinerzhagen ausgesetzt und laufend das Auftreten von Rissen, wie sie in der Abbildung 1 gezeigt wurden, beobachtet.

Hierbei ergab sich nach einer Versuchsdauer von 12 Monaten das folgende Bild:
Bei der Legierung 24 S, also derjenigen vom Typ Al Cu Mg, traten bisher in keinem der geprüften Zustände a - d Risse irgendwelcher Art auf.

Die Legierung 75 S gestattet eine kurvenmäßige Darstellung der Ergebnisse noch nicht. Von insgesamt 22 Proben des Zustandes a sind bisher 11 Stck. gebrochen. Die sich nach 12 Monaten für diesen Zustand und für alle Anlaßzeiten ergebende mittlere Lebensdauer beträgt mehr als 263 Tage, während die entsprechenden Proben bei Hy 43 nur eine mittlere Lebensdauer von 35 Tagen erreichten. Von allen übrigen Proben ist nur eine des Zustandes b nach 122 Tagen gebrochen.

Die Al Cu Mg - Legierung 24 S verhielt sich also unter den von uns gewählten scharfen Prüfbedingungen außerordentlich gut. Die Al Zn Cu Mg - Legierung 75 S ist ebenfalls noch als verhältnismäßig gut spannungskorrosionsbeständig zu bezeichnen, während die Al Zn Mg - Legierung Hy 43 in dem hier vorliegenden stark plastisch deformierten Zustand als bedenklich angesehen werden muß, wie die im folgenden beschriebenen Versuchsergebnisse zeigen:

In der Abbildung 4 ist die mittlere Lebensdauer von je 5 Biegeproben in Abhängigkeit von der Warmaushärtungstemperatur für verschiedene Anlaßzeiten aufgetragen. Unter Berücksichtigung der bei solchen Messungen üblichen Streuungen verlaufen die Kurven der mittleren Lebensdauer ziemlich genau entsprechend den Warmaushärtungskurven für die Festigkeit bzw. die Streckgrenze oder das Streckgrenzenverhältnis, die in der Abbildung 5 (s. Seite 14) enthalten sind. Das bedeutet, daß der sich mit der Anlaßdauer und mit der Anlaßzeit zunächst steigernde Warmaushärtungseffekt eine Verkürzung der Lebensdauern der Biegeproben verursacht und daß mit dem Warmaushärtungsmaximum das Lebensdauerminimum zusammenfällt. Fällt die Festigkeit bei höheren Anlaßzeiten bzw. Anlaßtemperaturen infolge Koagulation der aushärtenden Phase wieder ab, so steigt entsprechend dem

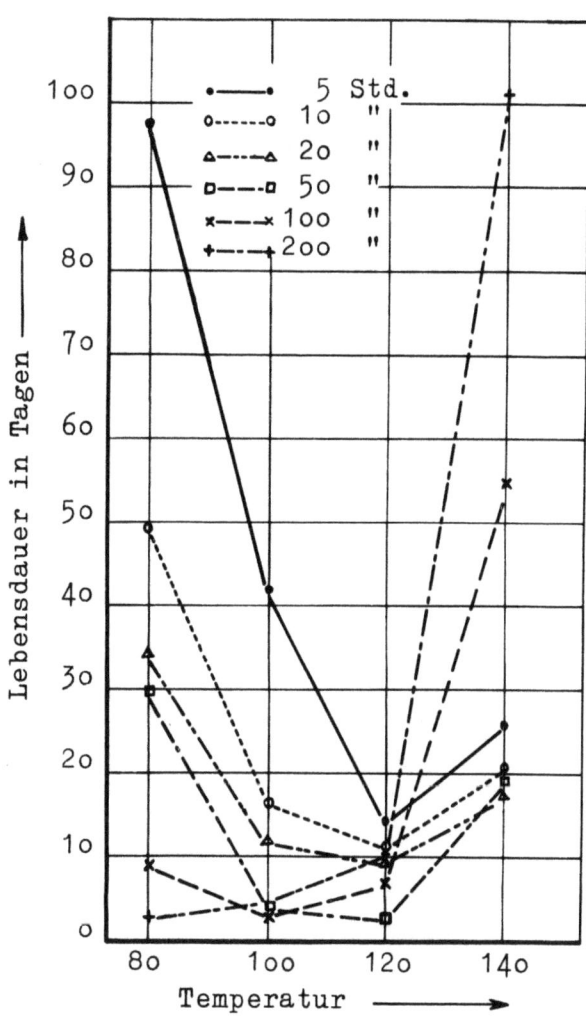

Abbildung 4

Lebensdauer von Biegeproben aus einer Al Zn Mg - Legierung in Bewitterung in Abhängigkeit von der Anlaßtemperatur bei verschiedenen Anlaßzeiten. Verformung nach der Warmaushärtung. (Legierung Hy 43)

Festigkeits- bzw. Streckgrenzenabfall die Lebensdauer der Biegeproben wieder an. Das zeigen auch die Kurven der Abbildung 6 (s. Seite 15), in der die gleichen Versuchsergebnisse für unterschiedliche Anlaßtemperaturen über der Anlaßdauer aufgetragen sind.

Zieht man einen Vergleich zwischen dem Zustand a und b, d.h. zwischen den Proben, die vor dem Biegen bei 100° angelassen wurden und denjenigen, die nach dem Biegen angelassen wurden, so ergibt sich das in der Abbildung 7 (s. Seite 16) dargestellte Bild. Der Zustand b verhält sich also abweichend von dem unter a. Der Unterschied besteht darin, daß bei plastischer Deformation nach der Warmaushärtung die Lebensdauer der Proben mit

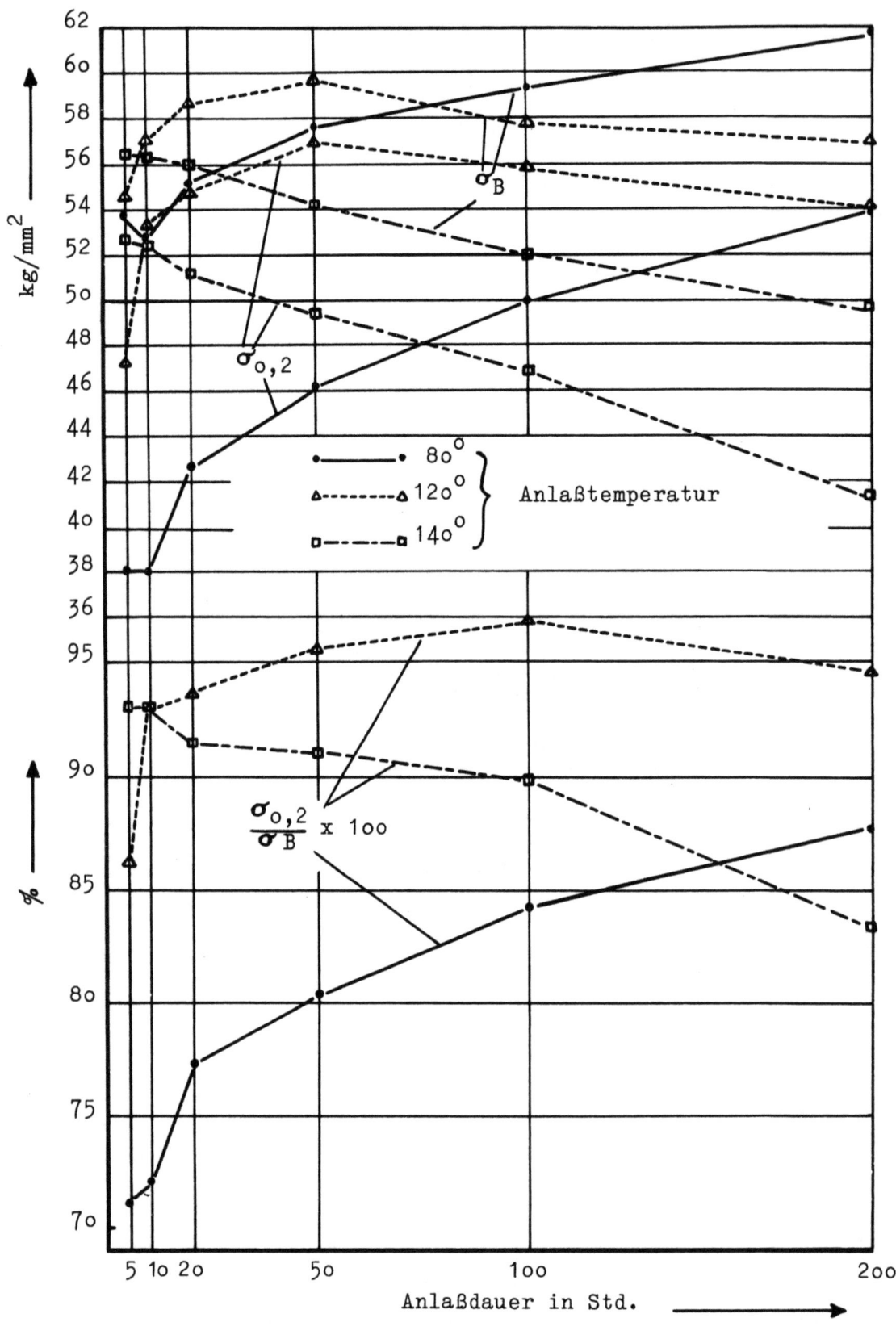

A b b i l d u n g 5

Festigkeit, Streckgrenze und Streckgrenzenverhältnis der Legierung Hy 43 in Abhängigkeit von den Warmaushärtungsbedingungen

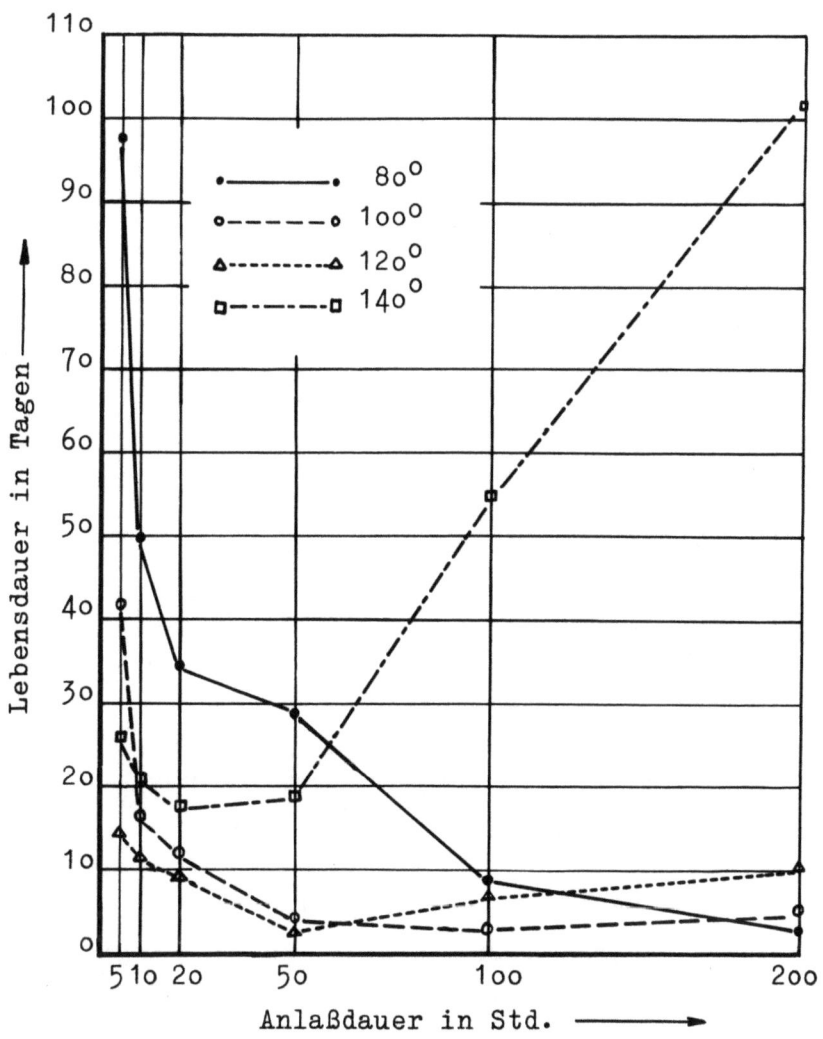

Abbildung 6

Lebensdauer von Biegeproben aus einer Al Zn Mg - Legierung in Bewitterung in Abhängigkeit von der Anlaßdauer bei verschiedenen Anlaßtemperaturen. Verformung nach der Warmaushärtung. (Legierung Hy 43)

steigendem Aushärtungsgrad stark abfällt, während sie für den Fall, daß die Warmaushärtung nach dem Biegen der Proben vorgenommen wird, wesentlich erhöht wird.

Wir nehmen an, daß mit den durch die fortschreitende Warmaushärtung verbundenen Änderungen im Gitter eine Entspannung vor sich geht, die bereits nach verhältnismäßig kurzen Anlaßzeiten in günstigem Sinne wirksam wird. Von den fünf Proben, die einen Tag nach dem Abschrecken - also in einem noch verhältnismäßig weichen Zustand - gebogen wurden (Zustand c), ist eine nach 94 Tagen Prüfdauer gebrochen.

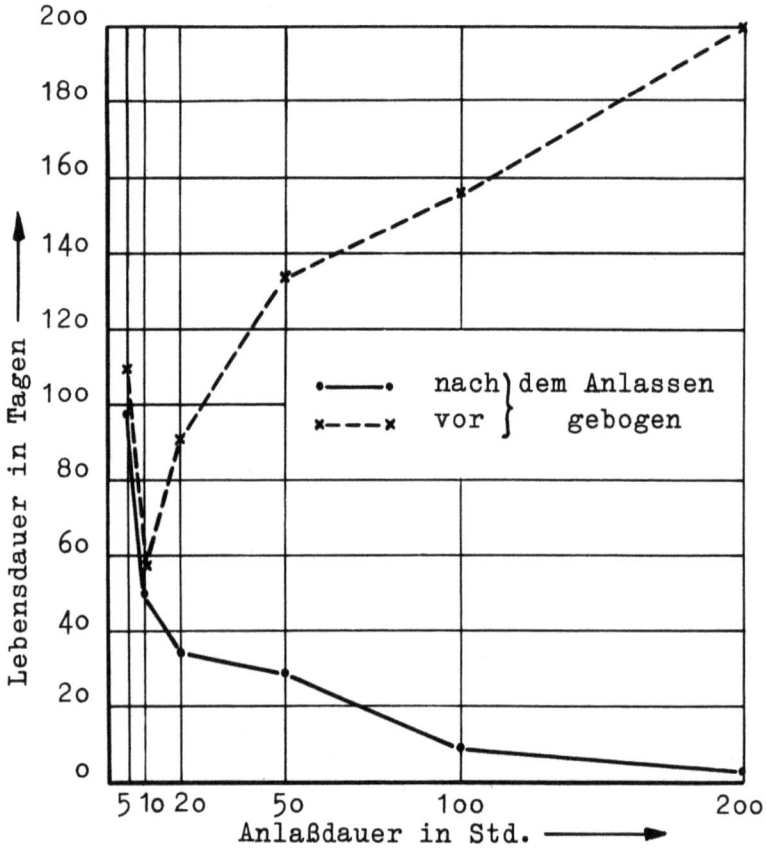

Abbildung 7

Lebensdauer von Biegeproben aus einer Al Zn Mg - Legierung in Abhängigkeit von der Anlaßdauer bei 100°. Vergleich des Einflusses der Verformung vor und nach der Warmaushärtung. (Legierung Hy 43)

Bei einer Gesamt-Bewitterungsdauer von 45 Tagen brachen von den fünf im kaltausgehärtetem Zustand und 3 Monate nach dem Abschrecken gebogenen Proben 2 Stück nach 6 Tagen, eine nach 10 und eine nach 13 Tagen, während die fünfte nach 45 Tagen zu Bruch ging.

Aus diesen Ergebnissen ist die wichtige Tatsache zu entnehmen, daß die bei den geprüften verschiedenen Zuständen der Legierung Hy 43 vorliegenden unterschiedlichen Gefügeeigenarten das Auftreten von Spannungskorrosionsrissen grundsätzlich nicht beeinflussen, sondern daß sie nur den Grad der Spannungskorrosionsbeständigkeit bestimmen. Es ist auf Grund der Festigkeitswerte sogar ziemlich sicher, daß die sich aus der Aushärtungsart ergebenden Gefügeunterschiede nur einen praktisch unbedeutenden Einfluß ausüben und daß die geringere bzw. größere Empfindlichkeit im wesentlichen nur auf die Auswirkung des dritten die Spannungskorrosion beeinflussenden Faktors, nämlich desjenigen der Spannung selbst zurückzuführen ist. Diese ist natürlich im Falle des warmausgehärteten Zustandes bei gleichem Biegewinkel erheblich höher als im Falle des kaltausgehärteten Zustandes und beim kaltausgehärteten Zustand wiederum besteht ein wesentlicher Unterschied je nachdem, ob einen Tag oder 3 Monate nach dem Abschrecken gebogen wurde.

Wenn man diese für die Legierung Hy 43 festgestellten Einzelheiten zunächst außer Betracht läßt, so ergibt sich bei der angewandten Prüfmethode insbesondere zwischen den beiden Legierungen vom Al Cu Mg - bzw. Al Zn Mg-Typ ein eindeutiger und klarer Widerspruch zu den Ergebnissen einer ganzen Reihe von Veröffentlichungen, die sich ebenfalls mit einem Vergleich der beiden Legierungen befassen, deren Resultate jedoch auf der Prüfung von Gabelproben in 3 %iger Na Cl - Lösung oder in ähnlichen Korrosionsmedien aufgebaut sind. Die letztgenannte Prüfmethode ist nicht nur in Deutschland, sondern auch, was das Prüfmedium betrifft, in USA [9] üblich. Nach der Prüfmethode mit Gabeln ergeben sich normalerweise für den Legierungstyp Al Cu Mg Lebensdauern, die in der Größenordnung zwischen 3 bis 20 Tagen liegen, für den Al Zn Mg - Typ - die richtige Behandlung vorausgesetzt - hingegen solche von mindestens der 3-fachen Anzahl von Tagen.

Aus diesem Vergleich glaubte man den Schluß ziehen zu können, daß die Al Zn Mg - Legierungen denen vom Al Cu Mg - Typ hinsichtlich der Spannungskorrosion überlegen, zumindest aber gleichwertig seien. Unsere praktischen Beobachtungen und unsere Versuche mit Biegeproben in Bewitterung besagen jedoch das Gegenteil. Diesen Widerspruch zu klären war die Aufgabe der im folgenden Abschnitt beschriebenen Untersuchungen.

D. Versuche über den Widerspruch zwischen den Ergebnissen mit der Gabelprobe in Na Cl - Lösung und denen mit der Biegeprobe in Bewitterung

Es ist bekannt, daß das angreifende Agens für die Entstehung von Spannungskorrosionsrissen von größter Bedeutung ist. Dieses geht sowohl aus Untersuchungen von L. GRAF [10, 11] als auch aus denen von F.C. ALTHOFF [12]

---

9. E.H. DIX, 1949 Edward de Mille Campbell Memorial Lecture, S. 1057.
10. L. GRAF, Metallforschung, Bd. II, Juli/August 1947, S. 193.
11. L. GRAF, "Z.f.Metallkunde, Bd. 40, Juli 1949, S. 275.
12. F.C. ALTHOFF, "Metall" Heft 13/14, Juli 1950, S. 267/273.

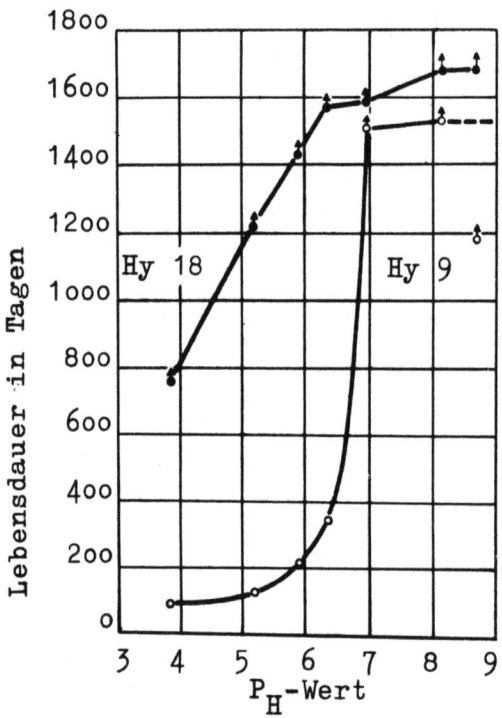

Abbildung 8

Einfluß des pH-Wertes auf die Lebensdauer von
Hy 9 - und Hy 18 - Schlaufen (Tauchprobe) nach H. VOSSKÜHLER

hervor. Mit dem Einfluß des pH-Wertes hat sich besonders H. VOSSKÜHLER[13] befaßt und erhebliche Unterschiede der Schlaufenlebensdauern bei den Legierungen Hy 9 und Hy 18 in saurem und in alkalischem Seewasser festgestellt. Dieser Unterschied, der von ausschlaggebender Bedeutung ist und der aus der Abbildung 8 hervorgeht, besteht darin, daß die Lebensdauern der Proben aus Hy 9 im sauren Gebiet verhältnismäßig kurz sind, mit Annäherung an den Neutralpunkt sehr schnell auf den etwa 15-fachen Betrag ansteigen und dann im alkalischen Gebiet ungefähr auf dieser Höhe bleiben. Die zusätzlich 1 % Zn enthaltende Legierung Hy 18 zeigt im sauren Gebiet eine merkbare Verbesserung und ist im alkalischen Gebiet der binären Al Mg - Legierung ungefähr ebenbürtig. Dieses Ergebnis bedeutet nicht mehr und nicht weniger als das, daß die Al Mg - Legierungen in sauren Medien zur Spannungskorrosion neigen, in alkalischen hingegen nicht. Wir haben nun versucht, auf Grund dieser Hinweise auch eine

---

13. H. VOSSKÜHLER, "Werkstoff und Korrosion", 1.Jahrgang Heft 4, April 1950, Seite 143/153.

Erklärung für das widerspruchsvolle Verhalten der beiden Legierungen Al Cu Mg und Al Zn Mg in NaCl-Lösung bzw. in Bewitterung zu finden.

Dabei bedienten wir uns zunächst des Eudiometer-Versuchs und maßen die entwickelte H_2-Menge einmal in 0,5 %iger HCl-Lösung und einmal in alkalischer 0,5 %iger NaOH-Lösung. Als Proben wurden Würfel gleicher Oberfläche aus Al Cu Mg und Al Zn Mg benutzt, die folgendermaßen behandelt waren:

Al Cu Mg
1. 6 Tage 490°, in Wasser abgeschreckt,
2. 6 Tage 490°, " " "
   3 Tage 360°, lufterkaltet

Al Zn Mg
1. 6 Tage 470°, in Wasser abgeschreckt,
2. 6 Tage 470°, " " "
   3 Tage 360°, lufterkaltet.

Es lag also von jeder Legierung der stark homogenisierte und der zusätzlich heterogenisierte Zustand vor. Die Menge des jeweils entwickelten H_2 ist in der Abbildung 9 (s. Seite 20) für die saure, in der Abbildung 10 (s. Seite 20) für die alkalische Lösung aufgetragen. Daraus ergibt sich für die saure Lösung eine wesentlich bessere Beständigkeit der Legierung Al Cu Mg gegenüber Al Zn Mg. Während der homogene und heterogene Zustand der Al Zn Mg - Legierung nahezu gleichwertig sind, besteht zwischen den beiden Zuständen der Legierung Al Cu Mg insofern ein wesentlicher Unterschied, als die homogenen Proben nahezu unangegriffen bleiben, während die heterogenen im Laufe der Zeit immer schneller zersetzt werden.

In alkalischer Lösung (bei Abb. 10 beachte anderen Maßstab) sieht das Ergebnis anders aus. Während die Al Zn Mg - Legierung ungefähr ebenso schnell angegriffen wird, wie in der sauren Lösung, entwickelt die Legierung Al Cu Mg hier mehr Wasserstoff als Al Zn Mg. Jedoch ist der Unterschied zwischen beiden Legierungen in alkalischer Lösung erheblich geringer als in saurer.

Einen ähnlichen Versuch führten wir mit den beiden intermetallischen Verbindungen Al_2Cu und $Al_2Mg_3Zn_3$ durch, die für die zwei untersuchten Werkstoffe als heterogene Ausscheidungen bzw. als Korngrenzensubstanz in Frage kommen. Sie wurden im stöchiometrischen Verhältnis zusammengeschmolzen und dann gemörsert, da die Herstellung der für den Eudiometerversuch

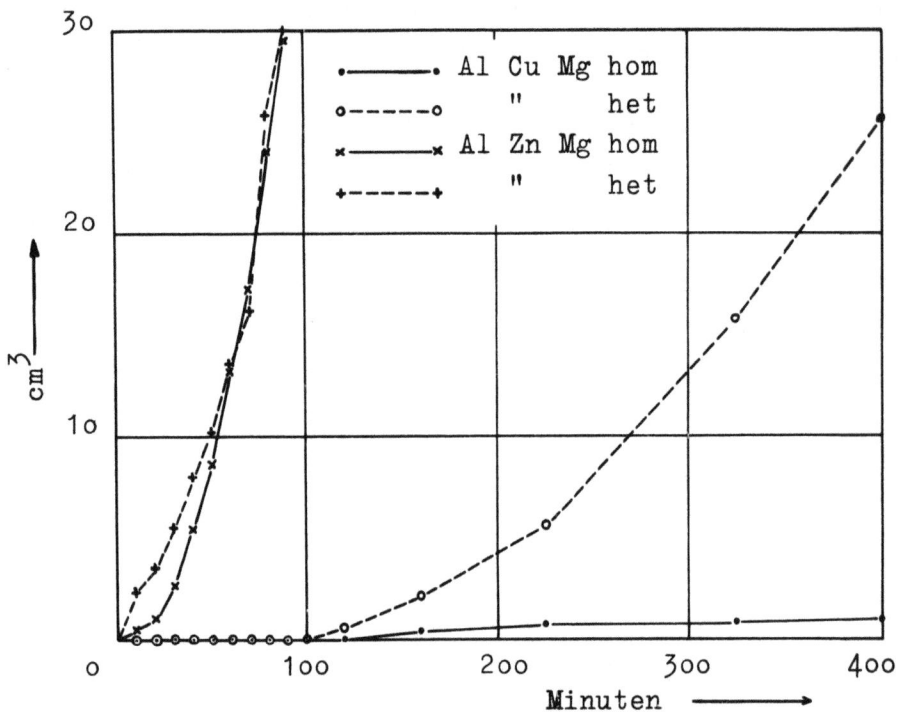

Abbildung 9

Entwickelte H_2-Menge in 0,5 %iger H Cl (pH $\leq$ 1)

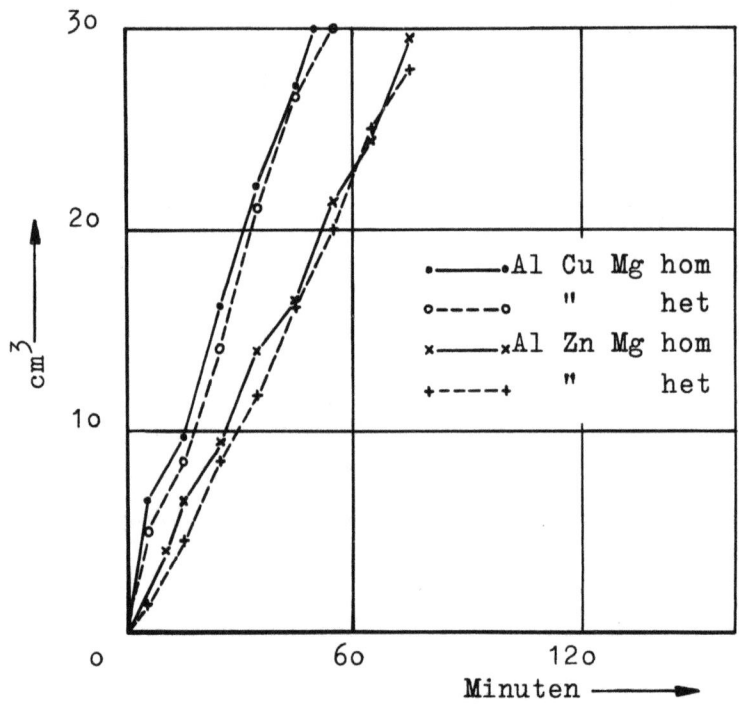

Abbildung 1o

Entwickelte H_2-Menge in 0,5 %iger NaOH (pH $\geq$ 1o)

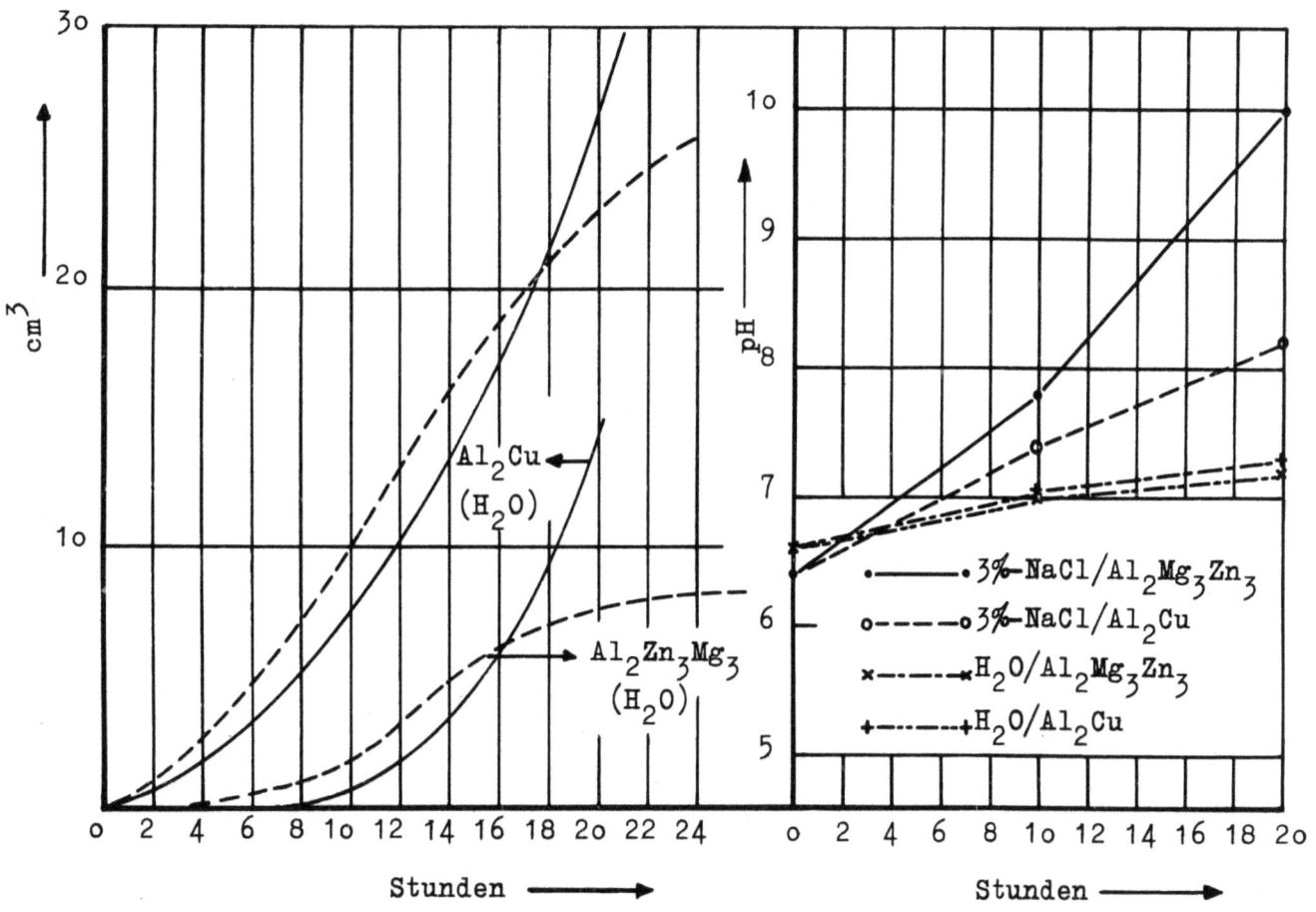

Abbildung 11

Entwickelte H_2-Mengen und Änderung des pH-Wertes bei Einwirkung von 3 %iger NaCl-Lösung bzw. destilliertem Wasser auf die intermetallischen Verbindungen $Al_2Mg_3Zn_3$ und Al_2Cu

geeigneten Probekörper wegen zu großer Sprödigkeit nicht möglich war. Von den gemörserten Verbindungen wurde eine bestimmte Korngröße abgesiebt und hiervon jeweils das gleiche Volumen im Eudiometer geprüft. In diesem Falle wurden als Korrosionsmedien 3 %ige NaCl-Lösung und destilliertes Wasser verwendet. In der Abbildung 11 sind die entwickelten H_2-Mengen und die Veränderung der pH-Werte graphisch aufgetragen. In beiden Medien, die zu Beginn des Versuches etwas unter dem Neutralpunkt im schwach sauren Gebiet lagen, wird die Verbindung $Al_2Mg_3Zn_3$ - wie bei den Ergebnissen der Abbildung 9 - zunächst schneller angegriffen als die Verbindung Al_2Cu. Während nun aber im Laufe der Zeit der Angriff auf die Verbindung $Al_2Mg_3Zn_3$ eine Verzögerung erfährt, wird er auf die Verbindung Al_2Cu so beschleunigt, daß sich die beiden Kurven für beide Medien überschneiden und damit grundsätzlich so verlaufen, wie in der Abbildung 1o für alkalische Lösungen. Wenn man den beschriebenen Kurvenverlauf mit der während des Versuches eingetretenen Änderung der pH-Werte vergleicht, so ist das Ergebnis verständlich: Zu Beginn des Versuches waren beide Korrosionsmedien schwach sauer, also wurde Al_2Cu schwächer angegriffen als $Al_2Mg_3Zn_3$; dann stieg der pH-Wert ins alkalische Gebiet, in dem im Gegensatz zu sauren Lösungen das Al_2Cu stärker zersetzt wird als das $Al_2Mg_3Zn_3$. Wenn wir nun auf den Ausgangspunkt unserer Untersuchung - nämlich die Klärung der sich widersprechenden Ergebnisse zwischen Gabelproben in NaCl-Lösung und Biegeproben in Bewitterung - zurückkommen, so ergibt sich folgendes Bild:

Die bisher bekannt gewordenen Ergebnisse mit Gabelproben in NaCl-Lösung entsprechen in etwa den in alkalischer Lösung entwickelten H_2-Mengen, d.h. die Al Zn Mg - Gabeln weisen höhere Lebensdauern auf als die AlCuMg-Gabeln. Die Ergebnisse der Bewitterungsprüfung mit Biegeproben entsprechen den entwickelten H_2-Mengen in saurer Lösung, d.h. daß die im homogenisierten Zustand vorliegende Legierung Al Cu Mg keine Spannungskorrosionsrisse aufweist, während dies bei Al Zn Mg - Legierungen der Fall ist. Aus dem in saurer Lösung vorliegenden Unterschied homogen - heterogen erklären sich auch zwanglos Untersuchungsergebnisse von MATTHAES, die in einer Veröffentlichung von H. VOSSKÜHLER [14] enthalten sind und die für Al Cu Mg dann ein besseres Spannungskorrosionsverhalten nachweisen, wenn die Legierung im möglichst homogenen, rekristallisierten Zustand vorliegt, d.h. wenn sie von hohen Temperaturen sehr schnell in möglichst kaltes Wasser abgeschreckt wird. Wir kommen hierauf später noch ausführlicher zurück.

Die Ergebnisse der Untersuchungen von H. VOSSKÜHLER über den Einfluß des pH-Wertes (s. Abb. 8) und die sehr eindeutigen Hinweise, die sich aus dem Zusammenhang unserer Eudiometerversuche mit den Lebensdauern von Gabeln in NaCl-Lösung und von Biegeproben in Bewitterung ergaben, waren der Anlaß zu einem weiteren Versuch, dessen Ergebnis hier mitgeteilt werden soll:

Je eine Biegeprobe der in der Abbildung 1 dargestellten Art aus kaltausgehärtetem 24 S und Hy 43 wurde im Tauchversuch einmal in $\frac{n}{10}$-HCl-Lösung

---

14. H. VOSSKÜHLER, "Werkstoff und Korrosion" 1. Jahrgang, Heft 8, August 1950, Seite 31o/32o.

      a   b   c   d

Abbildung 12

Große gebogene T-Profile in n/10 NaOH und n/10 HCl

a) 24 S in n/10 - NaOH   c) 24 S in n/10 - HCl
b) Hy 43 in n/10 - NaOH   d) Hy 43 in n/10 - HCl

Abbildung 13

Spannungskorrosionsriß an gebogenem T-Profil nach Angriff durch n/10 - HCl. Ungeätzt (Al Zn Mg)   50 x

und zweitens in $\frac{n}{10}$-NaOH-Lösung geprüft, wobei der Zeitpunkt etwaiger Rißbildungen festgestellt werden sollte. Die Versuchsanordnung zeigt die Abbildung 12 (s. Seite 23). Die Aufnahme wurde etwa 1 Stunde nach Beginn des Versuches gemacht. Man sieht, daß beide Legierungstypen in NaOH starke Gasentwicklung zeigen und zwar Al Cu Mg stärker als Al Zn Mg. In der HCl-Lösung wird Al Zn Mg ebenfalls verhältnismäßig stark zersetzt, während Al Cu Mg keinerlei H_2-Entwicklung zeigt; sie steigert sich im Laufe der Stunden nur sehr schwach. Es ergibt sich also auch hier wieder das gleiche Bild wie bei den bereits beschriebenen Eudiometerversuchen.

In Hinblick auf die Entstehung von Spannungskorrosionsrissen beobachteten wir folgendes:
Zwei Stunden nach Versuchsbeginn zeigten sich bei Al Zn Mg in saurer Lösung typische Spannungskorrosionsrisse, wie sie makroskopisch in der Abbildung 1 und mikroskopisch in der Abbildung 13 (s. Seite 23) dargestellt sind. Bei den übrigen drei Versuchen zeigte sich zunächst noch nichts. Erst nach 10 - 12 Stunden entdeckten wir bei der Al Cu Mg - Probe in der HCl-Lösung und bei der Al Zn Mg - Probe in der NaOH-Lösung unter 30-facher Vergrößerung viele kleine rißähnliche Erscheinungen, deren Aussehen jedoch Zweifel darüber aufkommen ließ, ob es sich hierbei um wirkliche Spannungskorrosionsrisse handelte. Das Randgefüge der Al Cu Mg - Probe in HCl-Lösung zeigt die Abbildung 14. Es handelt sich also um Risse, die keinen interkristallinen Verlauf zeigen, sondern unabhängig von den Korngrenzen durch die Mischkristalle gehen. Sämtliche Risse verlaufen parallel zueinander unter dem gleichen Winkel zur Oberfläche des Profils. Es ist vor allem in der schwächer vergrößerten Abbildung 15 klar zu erkennen, daß es sich um Scherbrüche handelt, die vermutlich nach der Verformung noch nicht zu ausgesprochenen Materialtrennungen führten. Diese Trennung wird erst durch den in Bereichen höchster innerer Spannungen verursachten starken chemischen Angriff eingetreten sein. Sehr interessant ist nun das bei stärkerer Vergrößerung aufgenommene Gefügebild in der Abbildung 16 (s. Seite 26). Hier dringt einer der beschriebenen Scherrisse durch die dünne an der Oberfläche des Profils befindliche rekristallisierte Schicht hindurch bis in die nichtrekristallisierte Kernzone.

Während das äußere, in der Aufnahme etwas verschwommene Rekristallisationsgefüge keinerlei interkristallinen Angriff erfahren hat, tritt dieser sofort ein, sobald das Korrosionsmedium - in diesem Falle n/10-HCl -

Forschungsberichte des Wirtschafts- und Verkehrsministeriums Nordrhein-Westfalen

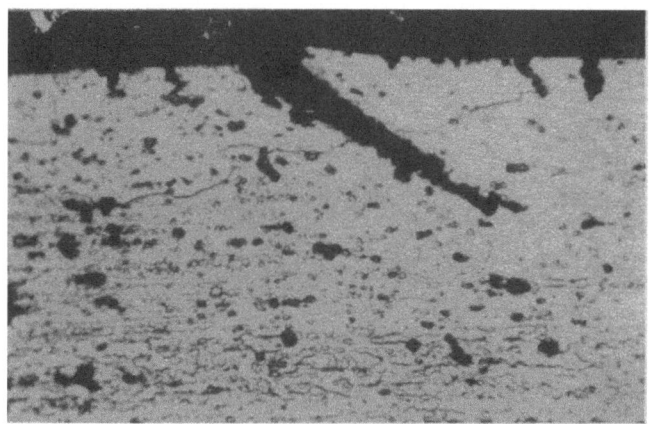

A b b i l d u n g 14
Transkristalliner Scherriß an gebogenem T-Profil aus Al Cu Mg nach
Angriff durch n/1o - HCl. Ätzung nach VILELLA; 4oo x

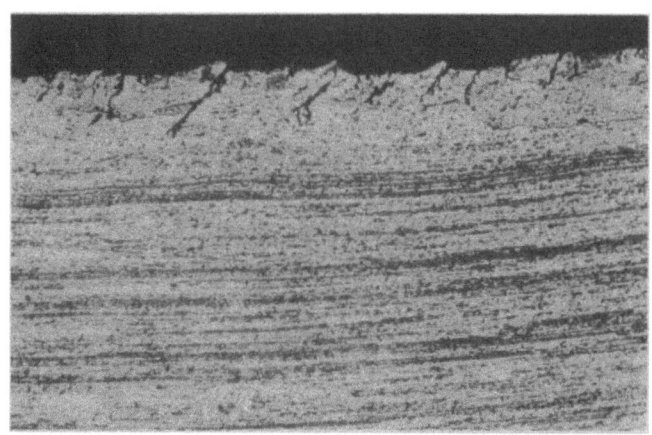

A b b i l d u n g 15
Wie Abbildung 14. Parallele Scherrisse an gebogenem 24 S - T-Profil
nach Angriff durch n/1o - HCl. Ätzung nach VILELLA; 6o x

auf die nicht rekristallisierte Kernzone trifft. Wir werden auf diese
wichtige Erscheinung in anderem Zusammenhang nochmals zurückkommen. An
dieser Stelle soll sie nur zu folgender Feststellung dienen: Während der
typische Spannungskorrosionsriß bei Al Zn Mg in der Abbildung 17 (siehe
Seite 26) scheinbar unbehindert in den Korngrenzen des oberflächlich
rekristallisierten Gefüges fortschreiten kann und beim Auftreffen auf die
nicht rekristallisierte Kernzone behindert wird, liegen die Verhältnisse

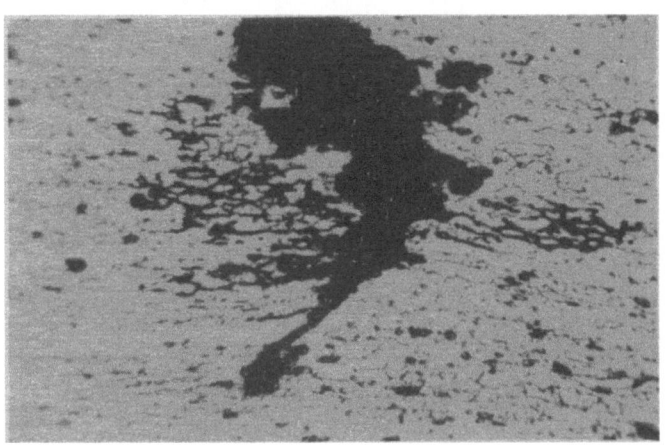

Abbildung 16

Tiefer Scherriß bei gebogenem 24 S - Profil nach Angriff durch n/1o-HCl.
Interkristalliner Angriff in der nichtrekristallisierten Kernzone.
Ätzung nach VILELLA; 4oo x

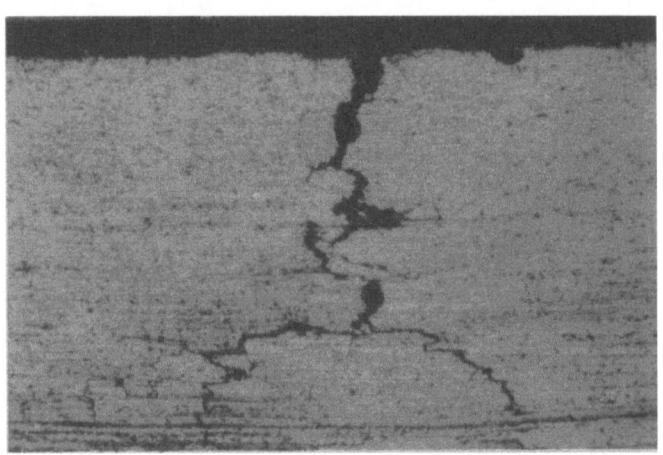

Abbildung 17

Spannungskorrosionsriß an gebogenem Hy 43 - Profil nach Angriff
durch n/1o-HCl. Ätzung nach VILELLA;   12o x

bei Al Cu Mg umgekehrt: In der rekristallisierten Außenschicht tritt
keine interkristalline Korrosion ein, sie setzt erst ein, wenn das Korrosionsmedium Gelegenheit hat, mit der nicht rekristallisierten Kernzone
in Berührung zu kommen. Wir haben in diesem Zusammenhang bewußt bei
Al Zn Mg von typischer Spannungskorrosion, bei Al Cu Mg hingegen von interkristalliner Korrosion gesprochen, weil es sich bei AlCuMg tatsächlich

nicht um Spannungskorrosion handelt. Der Beweis liegt in folgendem: Die Spannungskorrosionsrisse bei Al Zn Mg finden sich nur in den beim Biegen der Profile zunächst plastisch gestauchten und später elastisch auf Zug beanspruchten Bereichen, während die bevorzugt chemisch angegriffenen Scherbereiche mit interkristallinem Angriff in der Kernzone bei Al Cu Mg sowohl auf der Zug- als auch auf der Druckseite in gleichem Umfange auftreten, mithin nicht die typischen Merkmale der Spannungskorrosion zeigen. Diese interkristalline Zerstörung des nicht rekristallisierten Kernes von AlCuMg-Profilen, kann beispielsweise bei der Prüfung von Gabeln, die normalerweise aus dem Kern entnommen werden, Spannungskorrosion vortäuschen.

Das Randgefüge der Al Zn Mg - Probe in NaOH-Lösung zeigt die Abbildung 18 (s. Seite 28). Auch hier sind keine Spannungskorrosionsrisse festzustellen, sondern nur eine anscheinend bevorzugt die Mischkristalle erfassende chemische Auflösung.

Das Mikrogefüge in der Randzone der letzten Probe, nämlich Al Cu Mg in NaOH, ist in der Abbildung 19 (s. Seite 28) enthalten. In diesem Falle erfolgt eine glatte Oberflächenabtragung.

Die beschriebenen Versuche wurden dann in schwächerer n/100 HCl- bzw. n/100 NaOH-Lösung nochmals wiederholt. Sie ergaben im Prinzip dasselbe Bild. Wichtig war jedoch die Feststellung, daß die bei Al Cu Mg in n/10 HCl gefundenen Rißerscheinungen (siehe Abb. 14 - 16) in diesem schwächeren Medium, das jedoch trotzdem noch wesentlich stärker wirkt als die Atmosphäre, nach 24 Stunden noch nicht auftraten. Hieraus kann man folgern, daß die bei Al Cu Mg in n/10-HCl-Lösung entstehenden Erscheinungen unter atmosphärischem Angriff noch nicht auftreten, was auch durch unsere Versuche in Bewitterung bestätigt wird.

Zusammenfassend kann also festgestellt werden, daß typische Spannungskorrosionsrisse nur bei dem Legierungstyp Al Zn Mg in saurem Angriffsmedium entstehen und daß die Art der Risse genau denen, die auch in der Bewitterungsprüfung gefunden werden, entspricht. Al Cu Mg zeigt in der gleichen Lösung - ebenfalls entsprechend den Bewitterungsversuchen - keine Spannungskorrosion. Beide Werkstoffe sind in alkalischem Medium, wenn überhaupt, dann sehr unempfindlich gegenüber der Spannungskorrosion. Zwecks weiterer Klärung der sich widersprechenden Ergebnisse bei Gabel-

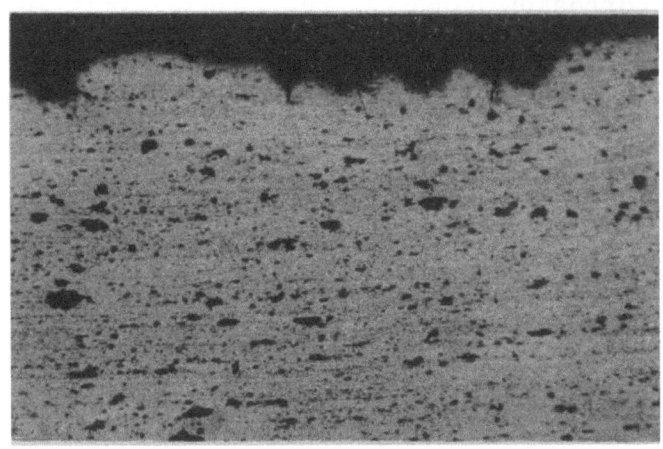

Abbildung 18
Randgefüge eines gebogenen Hy 43 - T-Profils nach Angriff
durch n/1o - NaOH. Ätzung nach VILELLA; 12 x

Abbildung 19
Randgefüge eines gebogenen 24 S - T-Profils nach Angriff
durch n/1o - NaOH. Ätzung nach VILELLA; 12o x

proben in NaCl-Lösung und Biegeproben in Bewitterung führten wir - ähnlich wie vorstehend für Biegeproben beschrieben - in n/1o - HCl- und n/1o-NaOH-Lösung einen Versuch mit Gabelproben aus den gleichen Al Cu Mg- und Al Zn Mg - Profilen durch. Hierbei lagen also im Gegensatz zu den Biegeproben im wesentlichen nur elastische Spannungen und keine oder nur sehr geringe zusätzliche plastische Verformungen vor. Wir erhielten bei keiner der beiden Legierungen und in keinem der beiden Angriffsmedien nach 72 Stunden Spannungskorrosionsrisse, also im Vergleich mit den

Biegeproben nach einer sehr langen Prüfzeit. Die Gabeln zeigten für Al Cu Mg in HCl und für Al Zn Mg in NaOH keinerlei selektiven Korrosionsangriff. Sehr aufschlußreich waren die Gefügebilder des Korrosionsangriffes bei Al Zn Mg in HCl-Lösung. Hier war ein starker, zunächst interkristallin erscheinender Korrosionsangriff eingetreten. Zwei Gefügeaufnahmen aus dem beanspruchten Querschnitt der Gabeln zeigen im ungeätzten Zustand die Abbildung 2o (s. Seite 3o) (Längsgefüge!) und Abbildung 21 (s. Seite 3o) (Quergefüge!). Es handelt sich hier nicht um das typische Bild der Spannungskorrosionsrisse; außer dem Charakter der Gefügebilder beweist auch die Tatsache, daß der Angriff in gleicher Form nicht nur auf der Zug-, sondern auch auf der Druckseite, ja sogar auch an den nicht beanspruchten Teilen der Gabeln auftrat, daß hier keine Spannungskorrosion vorliegt. Vielmehr handelt es sich um eine Korrosionsart, die der interkristallinen Korrosion äußerlich ähnlich zu sein scheint, die aber in Wirklichkeit nicht an den eigentlichen Korngrenzen entlang verläuft, sondern an im Querschnitt wabenähnlich aussehenden Mischkristallinhomogenitäten, die im Längsschliff parallel zur Preßrichtung verlaufen. Die stärker vergrößerte Gefügeaufnahme in Abbildung 22 (s. Seite 31) zeigt, wie gesagt, daß der Korrosionsangriff nicht an den Korngrenzen, sondern an den beschriebenen Inhomogenitäten entlang verläuft. Wir werden auf dieses Ergebnis später noch ausführlich zurückkommen. Hier sollen die beiden Gefügebilder in den Abbildungen 2o und 21 nur der Feststellung dienen, daß bei etwas längerer Ausdehnung der Versuchsdauer ein Spannungskorrosionsbruch der Gabel vorgetäuscht worden wäre, der aber in Wirklichkeit nur durch allmähliche Schwächung des beanspruchten Querschnitts infolge allmählich an den beschriebenen Zonen fortschreitender Korrosion zustande gekommen wäre. Wenn wir also unsere Versuchsergebnisse mit Biegeproben und Gabeln unter gleichen Bedingungen in n/1o HCl- bzw. NaOH-Lösung vergleichen, so müssen wir folgendes feststellen:

Wirkliche interkristalline Spannungskorrosionsrisse treten nur bei Hy 43 in saurer Lösung und bei Prüfung von plastisch verformten und dann elastisch auf Zug beanspruchten Biegeproben auf. Bei im wesentlichen nur elastisch auf Zug beanspruchten Gabeln tritt unter den beschriebenen Versuchsbedingungen an die Stelle der Spannungskorrosion - ebenfalls nur bei Al Zn Mg in saurer Lösung - eine an wabenähnlichen Mischkristallinhomogenitäten entlang verlaufende Korrosionsart, die allmählich fortschreitet, bei entsprechender Schwächung des beanspruchten Querschnitts zum Bruch

Abbildung 20
Angriff einer n/10 HCl auf das Gefüge einer Hy 43 - Gabelprobe.
Längsrichtung ungeätzt;   120 x

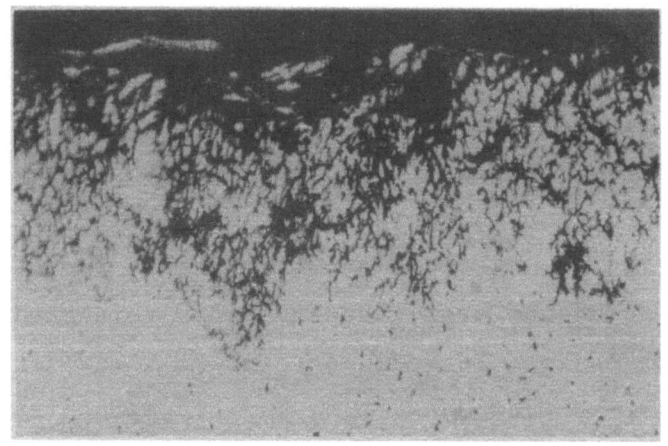

Abbildung 21
Wie Abbildung 20. Querrichtung;   120 x

führt und auf diese Weise Spannungskorrosion vortäuschen kann.
In alkalischer Lösung zeigt weder die Biegeprobe noch die Gabel aus
Al Zn Mg die in saurer Lösung festgestellten Korrosionsarten, sondern
nur eine mehr oder weniger gleichmäßige Oberflächenabtragung. Bei AlCuMg
tritt nur bei der Gabelprobe in NaOH schwache Schichtkorrosion auf, bei
der Biegeprobe gleichmäßige Oberflächenabtragung. In saurer Lösung zeigt
die Al Cu Mg - Gabel keinen sichtbaren Angriff; die Biegeprobe, die also

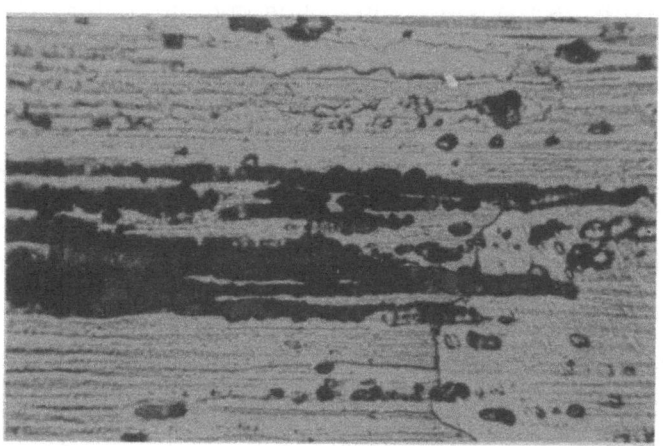

Abbildung 22
Wie Abbildung 2o, jedoch stärker vergrößert und Ätzung
nach VILELLA; 600 x

plastisch verformt ist, weist in HCl-Lösung interkristallinen Angriff dann auf, wenn das Angriffsmedium Gelegenheit hat, mit der nicht rekristallisierten Kernzone der Profile in Berührung zu kommen, was jedoch praktisch selten eintreten dürfte.

Es erhebt sich auf Grund dieser Ergebnisse nun die Frage, welche der beiden Prüfmethoden für Untersuchungen der Spannungskorrosionsbeständigkeit von Al-Legierungen den wahren, praktisch vorkommenden Verhältnissen entspricht und welche daher die richtige ist. Diese Frage ist ohne Zweifel für hochfeste Legierungen dahingehend zu beantworten, daß in nahezu allen Fällen die Korrosionsbeanspruchung in Bewitterung erfolgt. Wenn man von dieser Tatsache ausgeht, so kommt die Prüfung in NaCl-Lösung deswegen nicht in Frage, weil diese ihren ursprünglich schwach sauren Charakter schon nach dem Einhängen der Proben in die alkalische Richtung zu verändern beginnt. Die Atmosphäre besitzt aber keinen alkalischen, sondern sauren Charakter. Aufgefangenes Regenwasser zeigte in Meinerzhagen beispielsweise einen pH-Wert von 4,7. Destilliertes Wasser mit einem Ausgangswert von 6,8 kam nach etwa 24-stündigem Durchleiten von Luft ebenfalls auf den Wert des Regenwassers von 4,7. Ein Eudiometerversuch in diesem mit den Bestandteilen der Atmosphäre angereicherten Wasser zeigte, daß wiederum bei zunächst saurem Charakter des Angriffsmediums Al Zn Mg schneller als Al Cu Mg angegriffen wird und daß diese Verhältnisse sich umkehren, sobald sich der pH-Wert der Lösung nach dem alkalischen Gebiet hin bewegt.

Während nun aber im Laboratoriumsversuch - sei es im Wechseltauchgerät oder in der Sprühkammer - nur immer eine beschränkte Menge des Korrosionsmediums zur Verfügung steht, das seinen pH-Wert mithin verhältnismäßig schnell ändern kann, ist dies beim Bewitterungsversuch nicht der Fall. Hier bleibt das Korrosionsmedium ziemlich konstant und zwar in den weitaus meisten praktisch vorkommenden Fällen sauer. Eine Ausnahme bildet z.B. das berüchtigte Schwitzwasser, das bei Behinderung des Luftzutritts sehr schnell alkalisch wird und daher starke Korrosionen verursacht. Wenn man von derartigen Ausnahmen absieht, so muß man die Ansicht vertreten, daß die Bewitterungsversuche mit Biegeproben zuverlässigere und den praktischen Gegebenheiten entsprechendere Ergebnisse liefern, als Prüfungen irgendwelcher Art in NaCl-Lösung. Dies bestätigt auch eindeutig die Tatsache, daß bei dem Vergleich Al Cu Mg - Al Zn Mg die praktisch gemachten Beobachtungen mit dem Biegeproben-Bewitterungsversuch übereinstimmen, während dies mit der Gabelprüfung in NaCl-Lösung nicht der Fall ist.

Zu welchen Fehlergebnissen die Prüfung in 3 %iger NaCl-Lösung und ähnlichen Korrosionsmedien führen kann, zeigt mit aller Deutlichkeit der folgende Versuch:

Drei gleichgroße Gefäße wurden mit der gleichen 3 %igen NaCl-Lösung gefüllt, die im Ausgangszustand einen pH-Wert von 5,7 aufwies, mithin wie üblich schwach sauer war. In dem Gefäß 1 wurde eine Biegeprobe, in dem Gefäß 2 drei und in Gefäß 3 sechs Proben aus Hy 43 geprüft; sämtliche Biegeproben stammten aus dem gleichen Preßprofil und waren absolut gleich behandelt worden. Wir beobachteten in der üblichen Weise die Änderung des pH-Wertes in den drei Gefäßen, sowie den Zeitpunkt des Auftretens von Spannungskorrosionsrissen. Das Versuchsergebnis enthält die Abbildung 23.

Man sieht, daß sich die Geschwindigkeit, mit der der pH-Wert dem alkalischen Gebiet zustrebt, mit der Größe der dem Angriff des Korrosionsmediums ausgesetzten Profiloberfläche erheblich steigert. Entsprechend den Ergebnissen der oben beschriebenen Versuche, wonach Spannungskorrosionsrisse bei Hy 43 im wesentlichen nur in sauren Angriffsmedien entstehen, war zu erwarten, daß bei diesem Versuch die Brüche in der Reihenfolge der Gefäße mit einer, drei und sechs Proben entstehen würden. Dies ist,

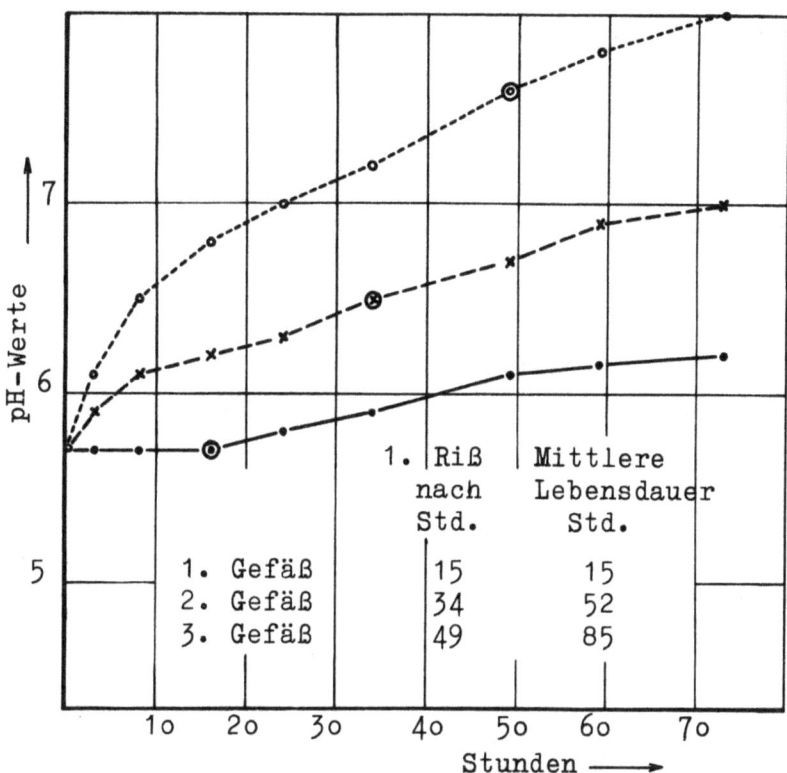

Abbildung 23

Abhängigkeit der Lebensdauer von Hy43-Biegeproben in 3%iger NaCl-Lösung von der Anzahl der in der gleichen Lösungsmenge geprüften Proben und der hiervon beeinflußten Änderung des pH-Wertes

wie in der Abbildung 23 angedeutet, auch tatsächlich der Fall. Nach 15 Stunden Prüfdauer trat bei dem einzelnen Profil in Gefäß 1 ein deutlicher Spannungskorrosionsriß ein. Nach ca. 34 Stunden stellten wir an einem der drei Profile in Gefäß 2 die ersten Anrisse fest, während die beiden übrigen noch ganz geblieben waren. Die 3 Profile in Gefäß 2 erreichten schließlich eine mittlere Lebensdauer von 52 Stunden gegenüber 15 Stunden in Gefäß 1. In Gefäß 3 trat der erste Bruch nach 49 Stunden ein, während die mittlere Lebensdauer 85 Stunden überschritt, eine Zeit, bei der noch 3 der insgesamt 6 Proben unzerstört waren.

Dieser Versuch erbringt in eindeutiger Weise nochmals den Beweis, daß die Prüfung in NaCl-Lösung Ergebnisse vortäuscht, die mit dem wirklichen Spannungskorrosionsverhalten eines Werkstoffes nicht übereinstimmen. Dieses ist auch dann der Fall, wenn die Lösung in gewissen Zeitabständen erneuert werden sollte.

Aus den beschriebenen Ergebnissen geht nun zunächst hervor, daß NaCl-Lösung und ähnliche Korrosionsmedien für die Prüfung des Spannungskorrosionsverhaltens ungeeignet sind. Ebenso ungeeignet ist aber auch die Gabelprobe als solche, weil einmal bei ihr normalerweise eine Gefügeart geprüft wird, wie sie im Innern von Profilen und Preßteilen auftritt und nicht das Gefüge der Außenzone, welches in den weitaus meisten Fällen dem Angriff der Atmosphäre ausgesetzt ist. Dieses führt, wie wir spräter noch im einzelnen sehen werden, gerade bei dem Vergleich der beiden Legierungstypen Al Cu Mg und Al Zn Mg zu falschen und sich widersprechenden Ergebnissen. Ferner haben wir gesehen, daß die im wesentlichen nur elastisch verspannten Gabeln nicht unbedingt durch eigentliche Spannungskorrosion zu Bruch zu gehen brauchen, sondern vermutlich sogar meistens durch die beschriebene "Schichtkorrosion" zerstört werden, wodurch längere Lebensdauern vorgetäuscht werden können.

E. Die Bedeutung des elektrochemischen Potentials für die Entstehung von Spannungskorrosionsrissen

Für die Beurteilung des Problems der Spannungskorrosion bei Al-Legierungen geben einige in mehreren Veröffentlichungen enthaltene Erkenntnisse wichtige Hinweise. Diese sind:

1. Die Spannungskorrosionsrisse verlaufen bei Al-Legierungen durchweg interkristallin.
2. Die Rißbildung ist auf eine kombinierte Wirkung innerer Spannungen und chemischer bzw. elektrochemischer Vorgänge zurückzuführen.
3. Das Spannungskorrosionsverhalten ist im hohen Maße vom Gefügeaufbau abhängig, jedoch nicht in der Weise, daß alle Al-Legierungen bei gleichem Gefügeaufbau auch das gleiche Verhalten zeigen, sondern daß sich beispielsweise der Typ Al Cu Mg am günstigsten verhält, wenn das Gefüge rekristallisiert ist und wenn möglichst schroff von hohen auf möglichst niedrige Temperaturen abgeschreckt wird und daß diese Verhältnisse gerade umgekehrt bei Al Zn Mg liegen, d.h. daß dieser Werkstoff das beste Verhalten zeigt, wenn er bei möglichst tiefer Temperatur lösungsgeglüht, wenn er möglichst milde abgeschreckt wird und wenn das Gefüge nicht rekristallisiert ist.

Für die Richtigkeit der unter Punkt 1 aufgeführten Feststellung bringt die Abbildung 13 (s. Seite 23) den Nachweis. Es handelt sich dabei um

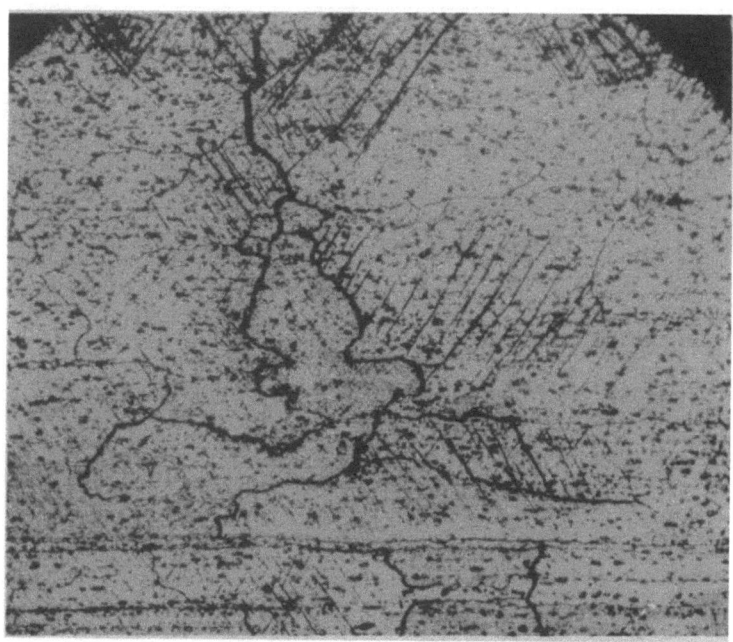

Abbildung 24
Spannungskorrosionsriß wie in Abbildung 13,
jedoch nach VILELLA geätzt; 6o x

einen typischen Spannungskorrosionsriß, der in einer nach dem Biegen angelassenen Probe der Legierung Hy 43 festgestellt wurde. Seine zackige und weitverzweigte Form deutet den Verlauf der Korngrenzen an. Einen Riß aus dem gleichen Schliff im geätzten Zustand zeigt die Abbildung 24, die ebenfalls sehr deutlich seinen Verlauf an den Korngrenzen entlang erkennen läßt. Die in diesem Falle nach der plastischen Deformation durchgeführte Anlaßbehandlung läßt die Gleitlinien, an denen bevorzugt Ausscheidungen stattgefunden haben, sehr deutlich hervortreten. Die Aufnahme zeigt auch, daß der Riß immer in der Nähe der mit Gleitlinien behafteten Kristalle anscheinend ohne sonderliche Behinderung durch die rekristallisierte Randzone verläuft, dann aber bei seinem Auftreffen auf die langgestreckten nicht rekristallisierten Kristalle behindert wird und seitlich wiederum den Korngrenzen entlang ausweicht.

Auf Grund dieses eindeutig interkristallinen Verlaufes der Risse ist anzunehmen, daß die Spannungskorrosion auf einen wahrscheinlich elektrochemisch bedingten Angriff auf die Korngrenzen zurückzuführen ist, wobei sich auf Grund der vorhandenen Zugspannungen und der zunächst entstandenen scharfen Kerbe die Risse sehr schnell ins Innere fortpflanzen.

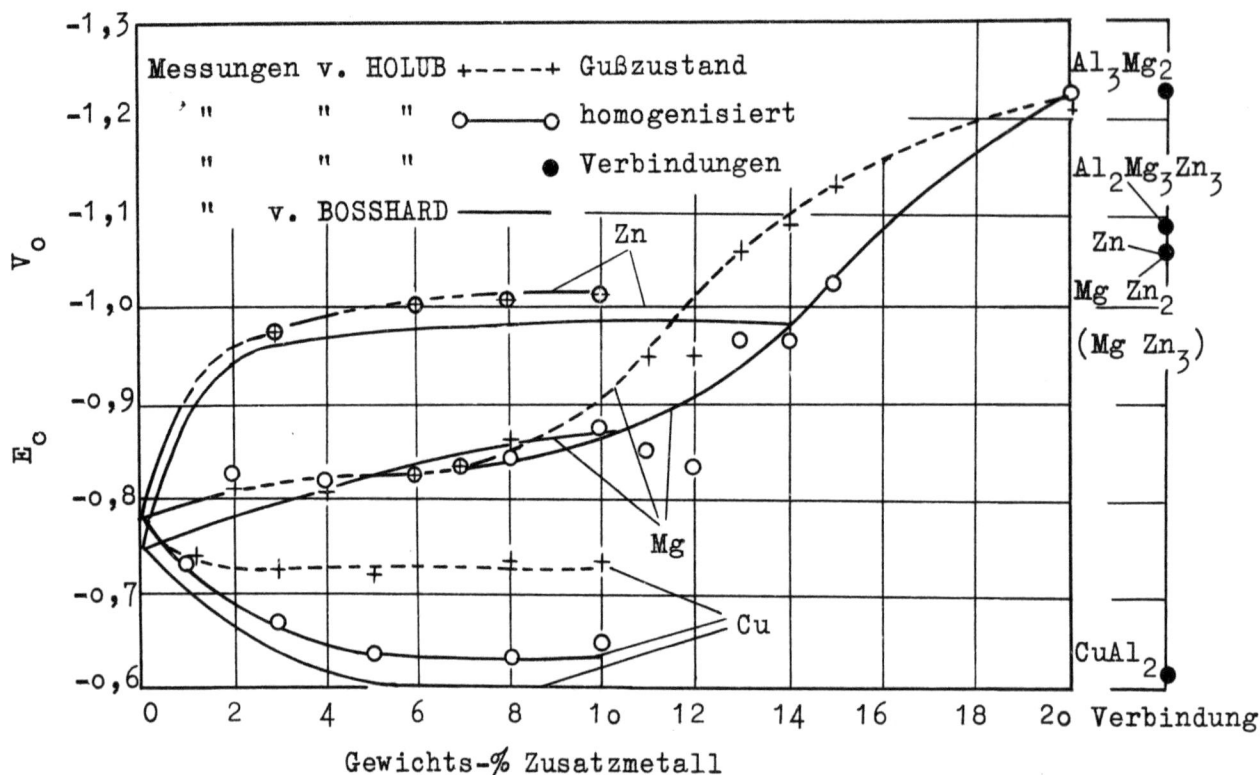

Abbildung 25

Potentiale verschiedener Al-Mischkristallreihen
in 3 %iger NaCl-Lösung (nach HOLUB)

Die Geschwindigkeit der Rißbildung ist bei genügend hoher Spannung so groß, daß deutlich mit dem Ohr wahrnehmbare, knackende Geräusche entstehen.

Wenn die wiedergegebene Ansicht über die Art der Rißbildung zutrifft, so wäre die Spannungskorrosion bei Al-Legierungen gegenüber dem atmosphärischen Angriff dann zu beherrschen, wenn es gelänge, den elektrochemischen Angriff auf die Korngrenzen zu verhindern oder zumindest stark abzubremsen.

Wir können bei dieser Betrachtung auf die Ausführungen von H. VOSSKÜHLER[15] zurückgreifen, denen die Abbildung 25 entnommen ist. Sie enthält das Ergebnis von Potentialmessungen, die von BOSSHARD und von HOLUB an Al-Legierungen mit steigenden Zusätzen von Zn, Mg und Cu, sowie den in diesen

---

15. H. VOSSKÜHLER, "Werkstoffe und Korrosion" 1. Jahrgang 1950, Heft 9, September 1950, S. 357/366.

Legierungen auftretenden intermetallischen Phasen durchgeführt wurden. Die Messungen erfolgten in durchlüfteten NaCl-Lösungen während 2-3 Stunden, also unter Bedingungen, unter denen die Lösungen mit größter Wahrscheinlichkeit schwach sauer waren und auch blieben, so daß die Ergebnisse in etwa auch auf den atmosphärischen Angriff übertragen werden können. Vergleicht man nun an Hand der Abbildung 25 zunächst das Potential des homogenen Al Cu - Mischkristalls mit dem Potential der an den Korngrenzen befindlichen Phase Al_2Cu, so sieht man, daß - insbesondere bei rund 4 % Cu - der Mischkristall etwas unedler ist als die Korngrenze. Dies würde, da sich die unedle Phase elektrochemisch auflöst, die edle hingegen geschützt wird, bedeuten, daß die Korngrenzensubstanz bestehen bleibt und daher bei diesem Legierungstyp in der sauer reagierenden Atmosphäre keine Spannungskorrosionsrisse auftreten. Dies ist, wie unsere Versuche mit Biegeproben bewiesen haben, eindeutig der Fall. Die wenigen Ausnahmen, in denen dann und wann bei Al Cu Mg Spannungskorrosionsrisse beobachtet worden sind, lassen bereits erkennen, wie unempfindlich dieser Werkstoff gegenüber Unterschieden in der chemischen Zusammensetzung und in den Herstellungsbedingungen ist. Es müssen schon eine Reihe ungünstig wirkender Faktoren zusammentreffen, um bei Al Cu Mg eine effektive Verschiebung des Potentialunterschiedes zwischen dem Mischkristall und der Korngrenze und damit Spannungskorrosion zu verursachen. Im Falle der Al Zn Mg - Legierungen ist nun im Gegensatz zu denen des Al Cu Mg - Typs, wie die Abbildung 25 zeigt, das Potential der Korngrenze merklich unedler als das des Mischkristalls. Hieraus erklärt sich ohne weiteres die starke Neigung zusatzfreier Al Zn Mg - Legierungen zur Spannungskorrosion unter atmosphärischem Angriff. Während also bei Al Cu Mg alle Vorgänge gefördert werden müssen, die den Potentialunterschied zwischen Mischkristall und Korngrenze aufrechterhalten oder vergrößern, müssen bei Al Zn Mg zur Vermeidung der Spannungskorrosion alle Maßnahmen getroffen werden, die geeignet sind, den Potentialunterschied zwischen Mischkristall und Korngrenze zu verringern oder zu beseitigen. Dieser Gegensatz zwischen denjenigen Al-Legierungen, bei denen die Korngrenze edler ist als der Mischkristall und denen, bei denen die Korngrenze unedler ist als der Mischkristall, kommt in sehr eindeutiger Weise bei unseren Vergleichsversuchen mit Biegeproben in Bewitterung im Gegensatz zu Versuchen mit Gabelproben in NaCl-Lösung zum Ausdruck.

F. Der Einfluß von legierungs- und verarbeitungstechnischen Maßnahmen auf die Potentialunterschiede zwischen Mischkristall und Korngrenze und damit auf das Spannungskorrosionsverhalten

Der Potentialunterschied zwischen Mischkristall und Korngrenze kann nun durch verschiedene Umstände bzw. Maßnahmen beeinflußt werden, z.B. durch Legierungszusätze, durch Erzeugung unterschiedlicher Gefügezustände, bedingt durch Einhaltung bestimmter Verarbeitungs- oder Glühbedingungen und durch die Erzeugung von inneren Spannungen, die besonders hoch und wirksam bei plastischen Verformungen sind. Die genannten Faktoren können zu einer Erhöhung oder Verminderung der Potentialunterschiede und damit zu einer Verbesserung oder zu einer Verschlechterung des Spannungskorrosionsverhaltens führen. Wie sie sich im einzelnen auswirken, sollen die im folgenden beschriebenen Untersuchungen zeigen.

Aus Rundblöcken von 87 mm Durchmesser wurden bei einer Blocktemperatur von ca. 420° kleine T-Profile gepreßt. Aus der Abbildung 2 ist die Größe des T-Profils, sowie ein nach der Prüfung durch Spannungskorrosion verursachter Riß zu erkennen. Die chemische Zusammensetzung der Schmelzen enthält die Tabelle 2.

Tabelle 2

Lebensdauern von Biegeproben aus Al Zn Mg - Legierungen mit verschiedenen Zusätzen in n/1oo - HCl und in Bewitterung (Mittelwerte von 5 Proben)

Schmelz Nr.	Chemische Zusammensetzung								Lebensdauer n/1oo HCl	Lebensdauer Bewitterung
	Zn %	Mg %	Cu %	Ag %	Cr %	Mn %	Fe %	Si %	Min.	Tage
297	4,58	3,60	o,o2	-	-	-	o,29	o,11	5	1
298	4,82	3,46	1,39	-	-	-	o,28	o,14	24	1,5
299	4,59	3,59	o,o3	o,59	-	-	o,28	o,14	213	2,o
3oo	4,53	3,54	o,18	-	o,41	-	o,23	o,19	2795	21,o
3o1	4,29	3,73	o,24	-	-	1,o5	o,20	o,20	2o1	1,8
3o2	4,44	3,63	1,52	-	o,40	-	o,29	o,12	>66ooo (1 Bruch)	>73,o (2 Brüche)
3o5	4,2o	3,72	o,o4	o,65	o,40	-	o,28	o,14	>128ooo kein Bruch	>1oo kein Bruch

Forschungsberichte des Wirtschafts- und Verkehrsministeriums Nordrhein-Westfalen

Die Anwärmung der Blöcke vor dem Verpressen erfolgte induktiv, also sehr schnell. Die Profilproben wurden einer kurzen Lösungsglühung im Salzbad bei 460° unterworfen, in Wasser von Raumtemperatur abgeschreckt und nach 5 Tagen 100 Stunden bei 100° angelassen. Nach dieser Behandlung wurden sie in der aus der Abbildung 2 erkennbaren Weise um 13° gebogen und anschließend sowohl in Bewitterung als auch in n/100 - HCl - Lösung das Auftreten von Spannungskorrosionsrissen beobachtet. Das Ergebnis enthält die Tabelle 2.

Bei unserer Betrachtung wollen wir uns zunächst auf die Auswirkung der edlen Elemente Cu und Ag beschränken.

Die anfangs wiedergegebenen Ergebnisse der Vergleichsversuche mit den Legierungen 24 S, 75 S und Hy 43 hatten bereits gezeigt, daß der bei 75 S vorhandene Cu-Zusatz von 1,07 % eine erhebliche Verbesserung gegenüber der Cu-ärmeren Legierung Hy 43 mit sich bringt. Diese Wirkung ist auf die durch Cu verursachte Veredelung der Korngrenzen, also eine Verringerung des Potentialunterschiedes zwischen dem Mischkristall und der Korngrenze zurückzuführen. Eindeutige Beweise hierfür sind in der Arbeit von H. VOSSKÜHLER [15] enthalten, nach der bereits im Gußgefüge der Angriff saurer Ätzmittel auf die Korngrenzen von Al Zn Mg, also ein der Atmosphäre entsprechender Angriff, durch Cu-Zusatz abgeschwächt wird. Wir müssen annehmen, daß der Cu-Zusatz auf eine zunächst noch unbekannte Weise die günstig wirkende Verringerung der Potentialdifferenz zu Gunsten der Korngrenze bewirkt.

Dieses drückt sich, wenn auch in verhältnismäßig geringem Grade, in den Versuchsergebnissen der Tabelle 2 aus. In den Abbildungen 26 (s. Seite 40) und 27 (s. Seite 40) ist das Gefüge der zusatzfreien und der Cu-haltigen Profile dargestellt. Man sieht, daß der Korngrenzenbegriff durch ein saures Ätzmittel bei Zusatz einer edlen Komponente - in diesem Falle das Cu - gegenüber dem zusatzfreien Werkstoff abgeschwächt wird und daß stattdessen ein verstärkter, punktförmiger Angriff auf eine innerhalb der Mischkristalle ausgeschiedene Phase erfolgt. Mit der Schmelze Nr. 300 wurde die Wirkung eines 0,4 %igen Cr-Zusatzes geprüft.

Wie das Ergebnis zeigt, ist die Wirkung dieses Elementes hinsichtlich des Spannungskorrosionsverhaltens günstig. Das Gefüge solcher Profile zeigt die Abbildung 28 (s. Seite 41). Man sieht, daß der Cr-Zusatz die

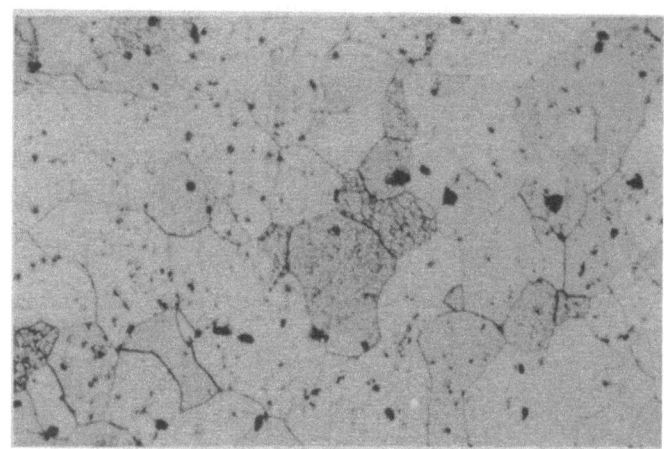

Abbildung 26
Al Zn Mg - zusatzfrei (Leg. 297) Preßgefüge.
Ätzung nach VILELLA; 16o x

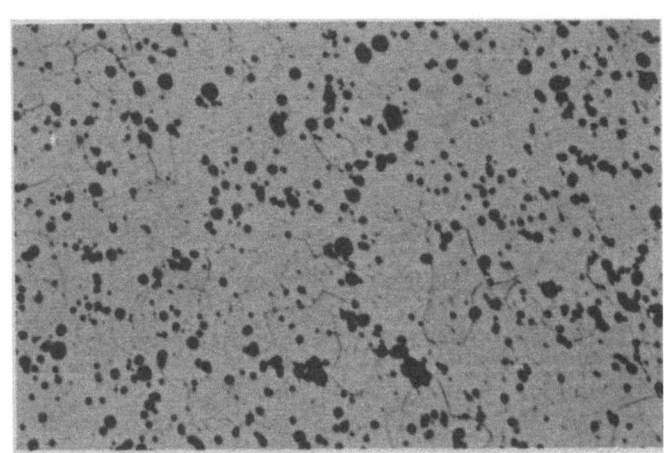

Abbildung 27
Al Zn Mg + 1,39 % Cu (Leg. 298) Preßgefüge.
Ätzung nach VILELLA; 16o x

Rekristallisation unterbunden hat; die der Spannungskorrosion ausgesetzten Korngrenzen sind verschwommen und durch das saure Ätzmittel nur noch sehr schwach angegriffen. Wenn man nun das Gefüge bei einem kombinierten Cu-Cr-Zusatz, das in der Abbildung 29 (s. Seite 41) gezeigt ist, mit den bisher beschriebenen vergleicht, so hat man den Eindruck, daß hierbei auch eine Kombination der unterschiedlichen Wirkungsarten beider Elemente eingetreten ist. Es ist keine Rekristallisation eingetreten und die der

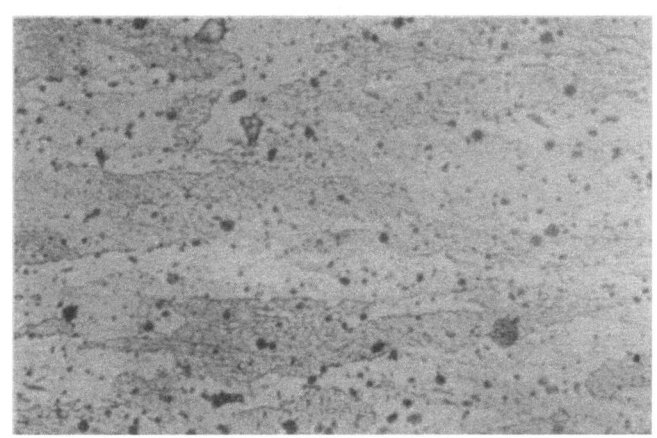

Abbildung 28
Al Zn Mg + 0,41 % Cr (Leg. 300) Preßgefüge.
Ätzung nach VILELLA;   160 x

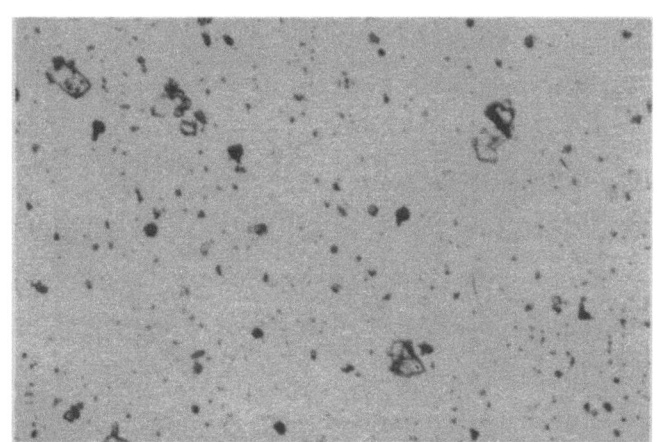

Abbildung 29
Al Zn Mg + 1,52 % Cu + 0,41 % Cr (Leg. 302) Preßgefüge.
Ätzung nach VILELLA;   160 x

Spannungskorrosion zugänglichen Korngrenzen sind unter absolut gleichen Ätzbedingungen nicht mehr sichtbar.

Diese Gefügeunterschiede finden den entsprechenden Niederschlag in den Ergebnissen unserer Spannungskorrosionsversuche, die die Tabelle 2 enthält. Man kann zumindest sagen, daß die natürliche Neigung der Al Zn Mg-Legierungen zur Spannungskorrosion durch einen kombinierten Cu-Cr-Zusatz, noch mehr aber durch einen kombinierten Ag-Cr-Zusatz sehr weitgehend unterdrückt wird.

Forschungsberichte des Wirtschafts- und Verkehrsministeriums Nordrhein-Westfalen

G. Die Wirkungsweise des Chroms

1. Beobachtungen an korrodierten, Cr-haltigen Al Zn Mg - Proben

Wir haben nun versucht, insbesondere die Wirkungsweise des Cr etwas genauer als es soeben angedeutet wurde, zu untersuchen, wobei wir von der Richtigkeit der durch H. VOSSKÜHLER und W. DIX angedeuteten These ausgingen, die Wirkung des Cr auf das Spannungskorrosionsverhalten müsse mit seinem rekristallisationshemmenden Einfluß zusammenhängen.

Zu dem genannten Zweck sollen hier zunächst Beobachtungen wiedergegeben werden, die wir an gepreßten Flachstreifen 30 x 3 mm aus einer Legierung mit etwa 6 % $Mg Zn_2$ und variierten Cr- bzw. Mn-Gehalten machten. Die Streifen waren bei 460° gepreßt worden und erkalteten anschließend an Luft, wobei derartige Legierungen bekanntlich ohne besondere Lösungsglühung und ohne Abschrecken in Wasser verhältnismäßig stark aushärten.

Nach längerer Korrosionsdauer im Wechseltauchgerät mit 3 %iger Na Cl-Lösung, welche ständig im schwach sauren Gebiet gehalten wurde, war rein äußerlich bereits zu erkennen, daß alle Proben mit Cr- und Mn-Zusätzen Schichtkorrosion aufwiesen, während die zusatzfreien nur verhältnismäßig schwache, punktförmige Angriffe zeigten. Das Aussehen der Proben nach ca. achtmonatiger Prüfung ist in der Abbildung 30 erkennbar. Interessanterweise stellten wir nun bei der Mikrogefügeuntersuchung der Cr- und Mn-haltigen Legierungen fest, daß die häufig unter den Sammelbegriff "interkristalline Korrosion" eingereihte Schichtkorrosion in dem vorliegenden Falle garnicht interkristallin, sondern ausgesprochen transkristallin und zwar in Preßrichtung verlief. Dieses zeigt die Gefügeaufnahme einer Probe aus der 0,15 % Cr enthaltenden Legierung in Abbildung 31. Bei stärkerer Vergrößerung zeigte sich bei einem quer zur Preßrichtung entnommenen Schliff das in der Abbildung 32 (s. Seite 44) dargestellte Gefüge. Man sieht innerhalb der Grenzen eines Kristalls eine netzförmige Aufteilung. Der durch Schichtkorrosion verursachte Riß verläuft entlang den Grenzen dieses Netzwerks und hört im Falle des Querschliffes dort, wo die Netzwerkgrenzen auf eine Korngrenze stoßen, auf. Die Abbildung 33 (s. Seite 44), die interessanterweise die gleichen Verhältnisse wie die Abbildung 22 wiederspiegelt, zeigt bei der gleichen Vergrößerung eine Gefügeaufnahme in Längsrichtung; auch bei ihr ist deutlich zu erkennen, daß der Korrosionsangriff entlang der Netzwerkgrenze verläuft und dass

Forschungsberichte des Wirtschafts- und Verkehrsministeriums Nordrhein-Westfalen

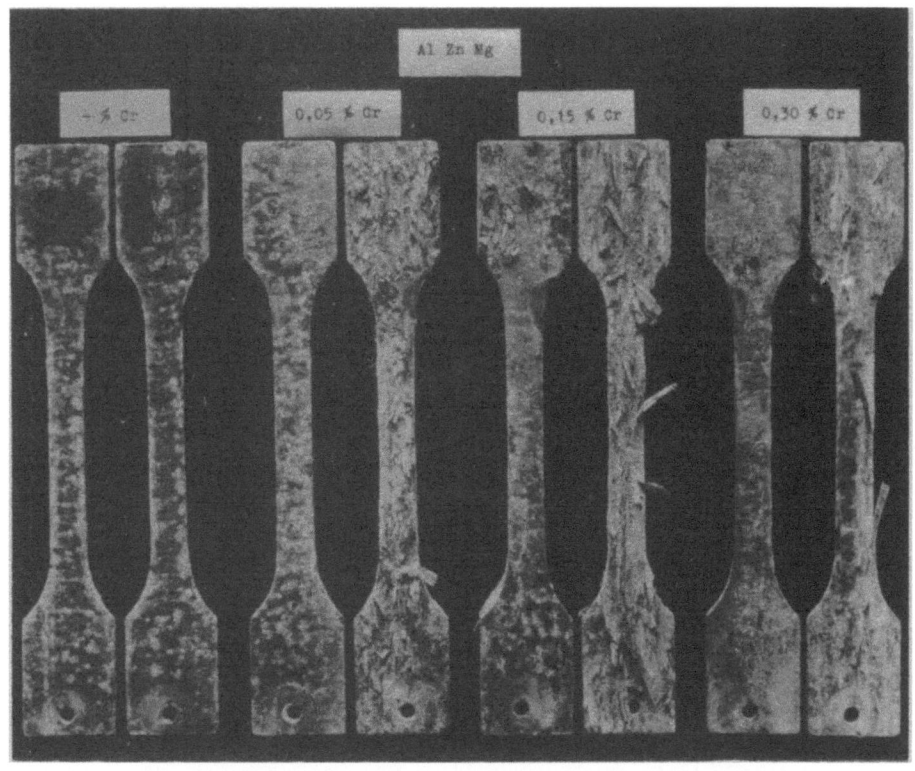

Abbildung 30

Schichtkorrosion - verursacht durch Cr-Zusatz bei Al Zn Mg - Legierungen mit 7 % Mg Zn_2; NaCl-Lösung und Wechseltauchgerät

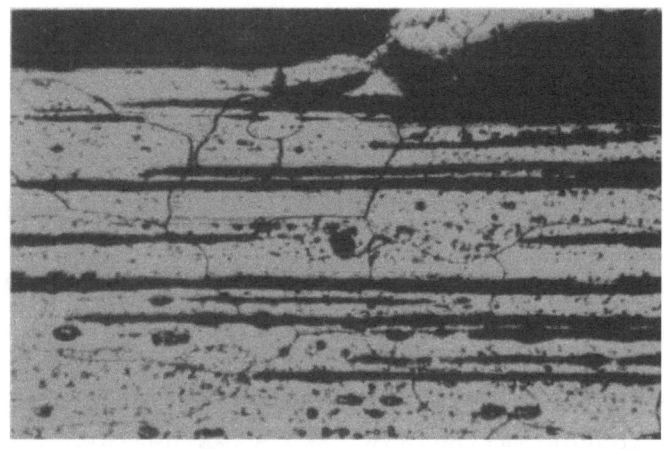

Abbildung 31

Transkristalline Schichtkorrosion bei Cr-haltigen Al Zn Mg - Legierungen. Ätzung nach VILELLA; 120 x

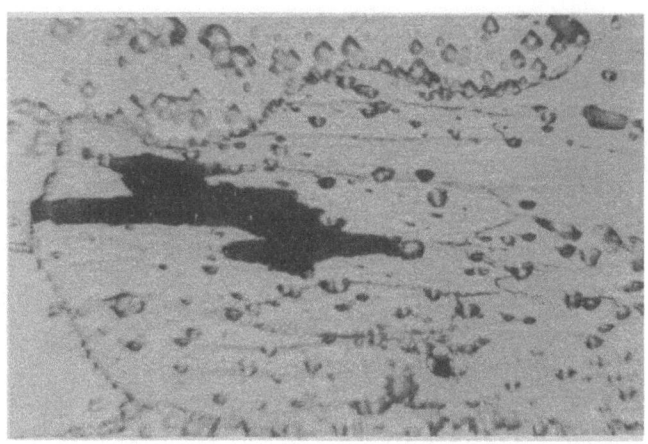

Abbildung 32
Wie Abbildung 31, jedoch stärker vergrößert
und in Querrichtung; 1200 x

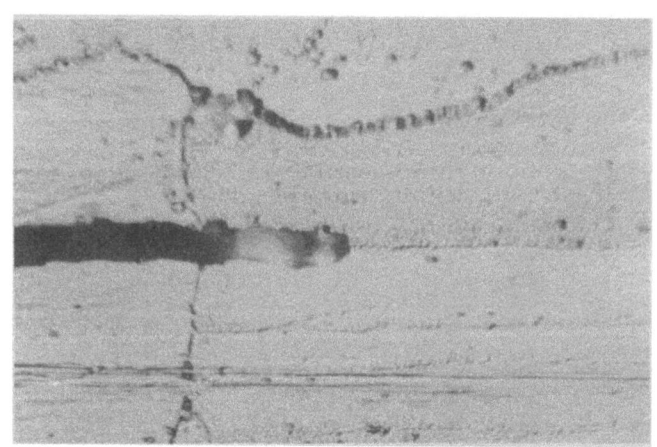

Abbildung 33
Wie Abbildung 31, jedoch stärker vergrößert. Längs; 1200 x

die Korngrenzen nur sehr schwach - vermutlich durch das Ätzmittel - angegriffen erscheinen.

Die in den erwähnten Abbildungen sichtbaren Netzwerkgrenzen stellen Zonen unterschiedlicher Konzentration dar, die ihre Ursache in einer bei Cr- und Mn-haltigen Al-Legierungen zu beobachtenden, besonders stabilen Art von Kristallseigerung haben. Sie erhalten infolge der gegenüber ihrer Umgebung unterschiedlichen Konzentration während der Verformung auch einen anderen Spannungszustand aufgezwungen. Beide Erscheinungen - unterschiedliche Konzentration und unterschiedlicher innerer Energiezustand - haben

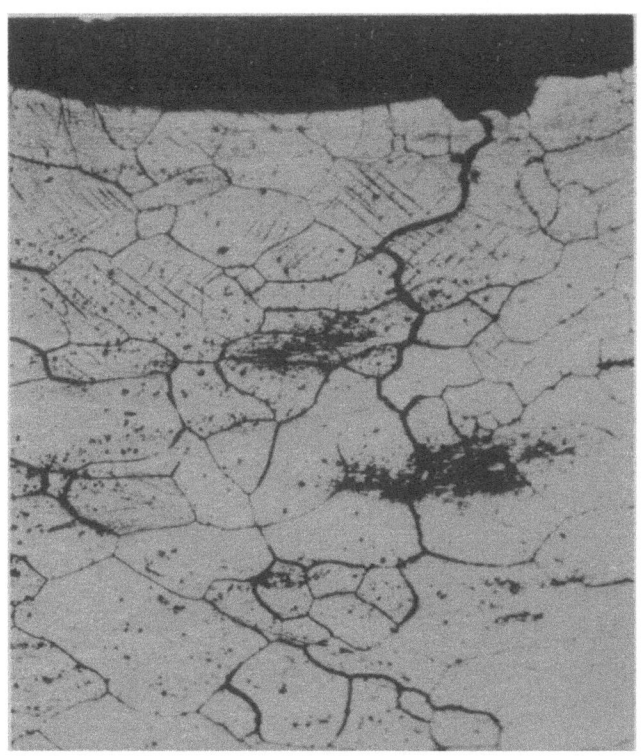

Abbildung 34
Spannungskorrosionsriß und Gleitlinien unterhalb
eines Zahleneinschlags. Al Zn Mg ohne Zusätze.
Ätzung nach VILELLA; 130 x

ein elektrochemisches Potential zur Folge, welches in unserem Falle unedler ist als das der Korngrenze und welches daher den Angriff auf die Korngrenze behindert. Bei der weiteren Prüfung der bereits erwähnten Korrosionsproben fanden wir bei dem zusatzfreien Werkstoff an Stellen, an denen durch Einschlagen der Probenbezeichnungen mittels Schlagstempel örtliche Deformationen stattgefunden hatten, interkristalline Spannungskorrosion, wie Abbildung 34 zeigt. Der Riß befindet sich direkt unterhalb einer am Rande gerade noch erkennbaren flachen Vertiefung, die von einer eingeschlagenen Zahl herrührt und verzweigt sich dann sehr stark.

Außer dem Spannungskorrosionsriß zeigt das Gefüge die von der Kaltverformung herrührenden Gleitlinien, sowie schwach angedeutet wiederum auch die bei Cr-haltigen Proben bereits festgestellten netzförmigen Erscheinungen; diese haben aber hier im Gegensatz zu jenen keinerlei Anlaß zu einem Korrosionsangriff irgendwelcher Art gegeben. Deutlicher noch ist

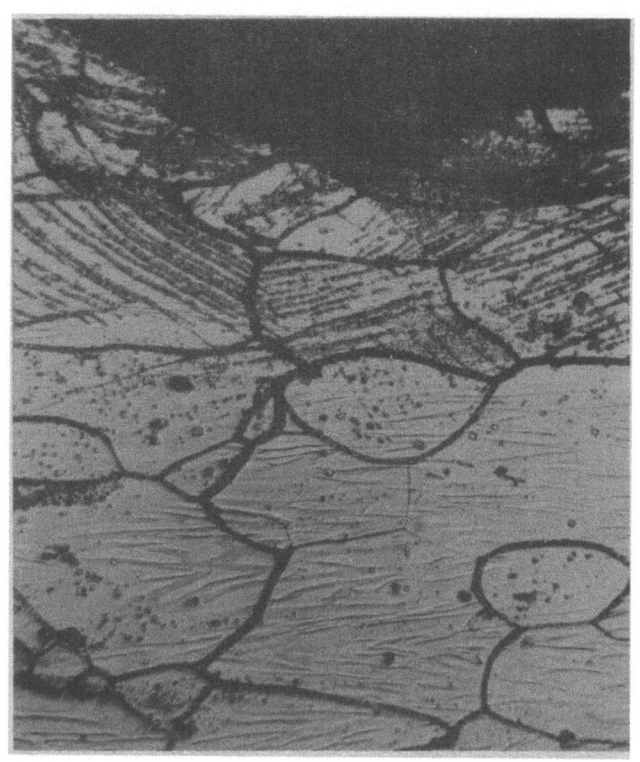

Abbildung 35
Wie Abbildung 34, jedoch stärker vergrößert und
stärker geätzt; 300 x

dies bei der stärker vergrößerten Abbildung 35 erkennbar. Zum Vergleich zeigt die Abbildung 36 das Gefüge einer Cr-haltigen Probe unterhalb eines Zahleneinschlages. Wir konnten hier und an einer Reihe anderer Stellen keine Spannungskorrosionsrisse, wie bei der Cr-freien Legierung, feststellen. Ergänzend sei noch auf das Gefüge in der Abbildung 37 hingewiesen. Es stellt die Oberfläche einer Cr-haltigen Probe ohne plastische Deformation nach der Warmverformung dar. Hier hat infolge der durch die Reibung an der Matrizenreibfläche entstehenden großen Wärme in der Oberflächenzone, trotz des Vorhandenseins vom Cr, ein weitgehender Konzentrationsausgleich stattgefunden, der mit dem Verschwinden der in Preßrichtung verlaufenden Netzwerkgrenzen verbunden ist. Es hat, da keine plastische Deformation nach dem Strangpressen erfolgte, ein einfacher interkristalliner Zerfall eingesetzt.

Wir können aus den beschriebenen Ergebnissen den Schluß ziehen, daß der Cr-Zusatz die Entstehung von Spannungskorrosionsrissen dadurch mindert,

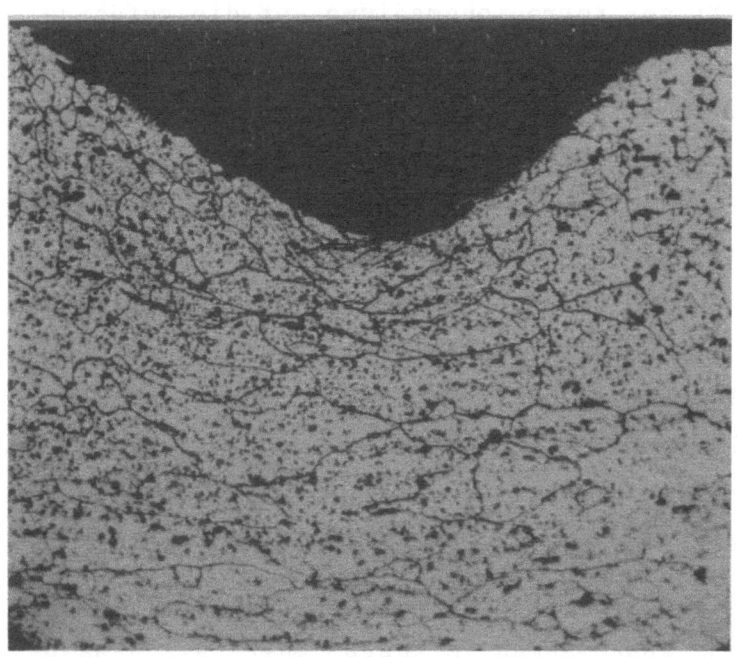

Abbildung 36

Gefüge unterhalb eines Zahleneinschlages

Al Zn Mg + o,15 % Cr - Ätzung nach VILELLA;   13o x

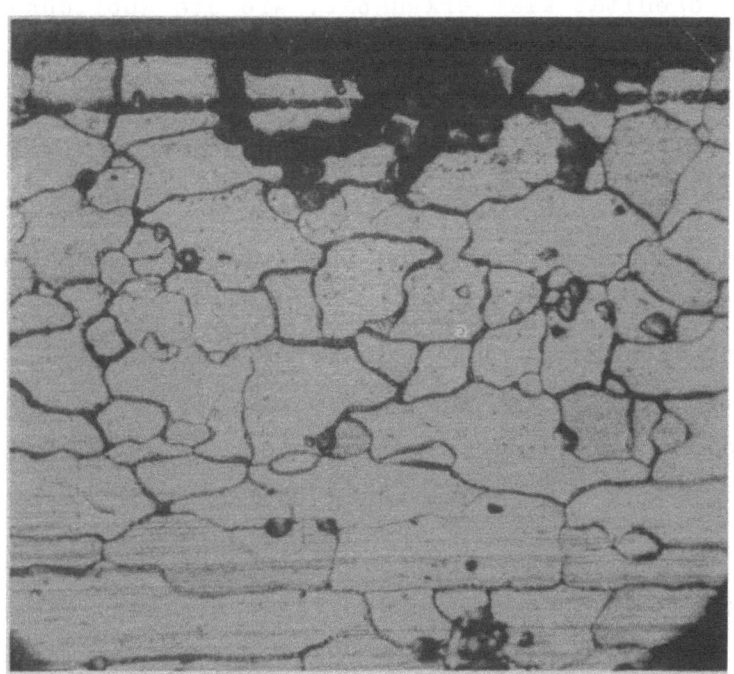

Abbildung 37

Randgefüge ohne Zahleneinschlag

Al Zn Mg + o,15 % Cr - Ätzung nach VILELLA;   3oo x

daß er den Angriff des Korrosionsmediums auf die gefährdeten Korngrenzen stark abbremst und stattdessen transkristalline Schichtkorrosion entlang von Zonen unterschiedlicher Konzentration verursacht, die ihre Entstehung einer durch Mn- oder Cr-Zusätze bedingten sehr stabilen Art der Kristallseigerung verdanken. Diese Korrosionsart zeigen auch in sehr anschaulicher Weise die bereits weiter oben in einem anderen Zusammenhang wiedergegebenen Gefügeaufnahmen in den Abbildungen 20 bis 22. Tritt bei Cr-haltigen Legierungen teilweise oder vollkommene texturlose Rekristallisation, verbunden mit dem Verschwinden der Konzentrationsunterschiede ein, so wird der Schutz der Korngrenzen weitgehend aufgehoben, eine Tatsache, die mit der Erfahrung und den Ergebnissen unserer Biegeprobenversuche in Bewitterung vollauf übereinstimmt.

Durch Glühen gleichartiger Proben bei Temperaturen zwischen 430 und 550° mit anschließendem Abschrecken in Wasser waren die zonenweise angeordneten Bereiche nicht zum Verschwinden zu bringen. Wir konnten aber beobachten, daß mit steigender Glühtemperatur eine deutliche Gefügeänderung vor sich geht. Während man bei einer Glühtemperatur von 460° noch den Eindruck ausgesprochen kontinuierlicher Zeilen hat (s. Abbildung 38), ist bei 520° eine zonige Heterogenität klar erkennbar, wie die Abbildung 39 zeigt. Diese Erscheinungen im Stadium der kontinuierlichen Zeile verursachen, wie unsere Untersuchungen gezeigt haben, Schichtkorrosion und müssen daher elektronegativer als der Mischkristall und die spannungskorrosionsgefährdeten Korngrenzen sein.

Charakteristisch für diese Zeilen und Zonen ist die Tatsache, daß sie in den meisten Fällen ganz unabhängig von den Korngrenzen von einem Kristall zum anderen übergreifen, wie es besonders deutlich in dem Quergefüge der Abbildung 40 (s. Seite 50) zum Ausdruck kommt. Nur in einzelnen Fällen scheinen sie auch an den Korngrenzen zu enden. Sie sind dann in den sich anschließenden Kristallen nur noch wenig oder garnicht mehr zu erkennen.

Der Zweck der weiteren Untersuchungen bestand nun darin, die Entstehungsursache der beschriebenen Erscheinungen festzustellen, die bei Cr-haltigen Legierungen in Form von Zeilen in Preßrichtung vorliegen bzw. die nach Glühung bei höheren Temperaturen in Form von abwechselnd heterogenen und homogenen Zonen auftreten.

M. DUDEK, H. MAHL und H.I. SEEMANN [16] haben die bekannte rekristalli-

---

16. M. DUDEK, H. MAHL und H.I. SEEMANN, "Metall" (1948), S. 75.

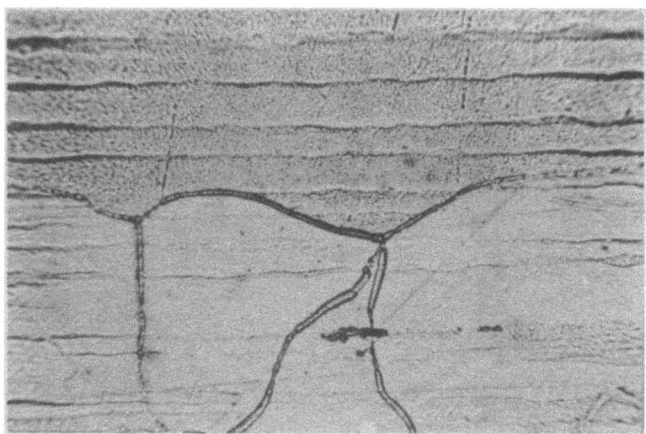

Abbildung 38

Zeilige Inhomogenitäten in einem Strangpreßprofil aus einer
Cr-haltigen Al Zn Mg - Legierung. Glühtemperatur 460°.
Ätzung mit o,5 HF; 75o x

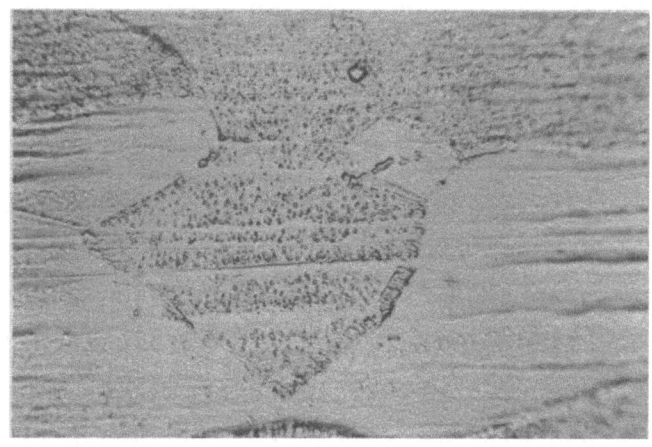

Abbildung 39

Zonige Heterogenität in einem Strangpreßprofil aus einer
Cr-haltigen Al Zn Mg - Legierung. Glühtemperatur 52o°.
Ätzung mit o,5 HF; 6oo x

sationshemmende Wirkung des Mn in Al Cu Mg - Legierungen mit dem Vorhandensein einer von ihnen mit "U-Phase" bezeichneten feindispersen Mn-haltigen Ausscheidung innerhalb der Mischkristalle in Zusammenhang gebracht. Nach Ansicht der Verfasser bildet sich diese Mn-haltige Phase infolge schneller Abkühlung der Schmelze, indem hierdurch die an sich eintretende peritektische Reaktion, die zur Bildung der bekannten Kristallart Al_6Mn

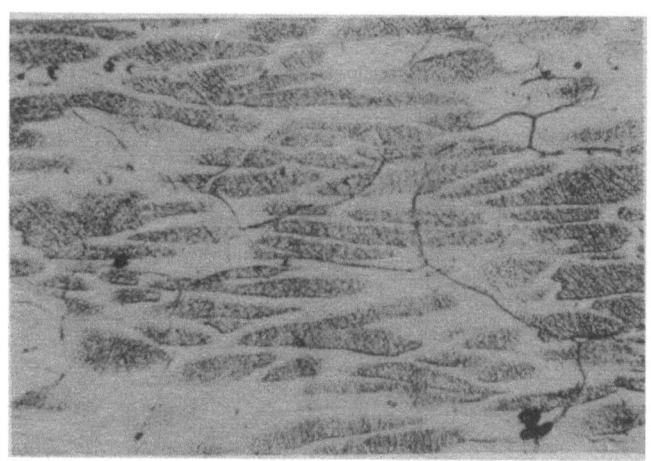

Abbildung 40
Netzförmig angeordnete Inhomogenitäten in einem Cr-haltigen
Al Zn Mg - Profil nicht geglüht. Quer zur Preßrichtung.
Ätzung mit 0,5 HF; 300 x

führt, weitgehend unterdrückt wird. Das Mn liegt also beim Guß in metastabiler Lösung vor und scheidet sich bei der Erwärmung bzw. Verformung in hochdisperser Form aus, wobei sich das durch die schnelle Erstarrung verhinderte Gleichgewicht nunmehr einzustellen bestrebt ist. Die Mischkristalle derartiger Legierungen haben also im lösungsgeglühten Zustand keinen im Sinne des Phasengleichgewichtes homogenen Aufbau, wie es der üblichen Anschauung entsprechen würde, sondern sie sind im lösungsgeglühten Zustand noch ausscheidungsfähig und sie werden auch tatsächlich bei längeren oder bei höherer Temperatur durchgeführten Glühungen heterogen. Auf diese Weise wäre ein Hinweis zur Aufklärung des Problems der rekristallisationshemmenden Wirkung des Mn in AlCuMg - Legierungen gegeben, wenn man gleichzeitig die Ergebnisse von Versuchen berücksichtigt, die BUNGARDT und OSSWALD [1] über die Abhängigkeit der Rekristallisationstemperatur binärer Al Mg - Legierungen von der Löslichkeitslinie gefunden haben. Nach der dieser Arbeit entnommenen Abbildung 41 steigt nämlich die Rekristallisationstemperatur mit steigendem Mg-Gehalt im homogenen Gebiet bis zu 1 % zunächst an. Diesem Anstieg, für den eine Erkärung nicht abgegeben werden kann, folgt ein Abfall der Rekristallisationstemperatur, der sich ohne weiteres mit der bei steigendem Mg-Gehalt größeren Sättigung des Mischkristalls und der hierdurch bei gleichem Verformungsgrad hervorgerufenen höheren Spannung erklären läßt. Die Abbildung 41 zeigt nun, wie

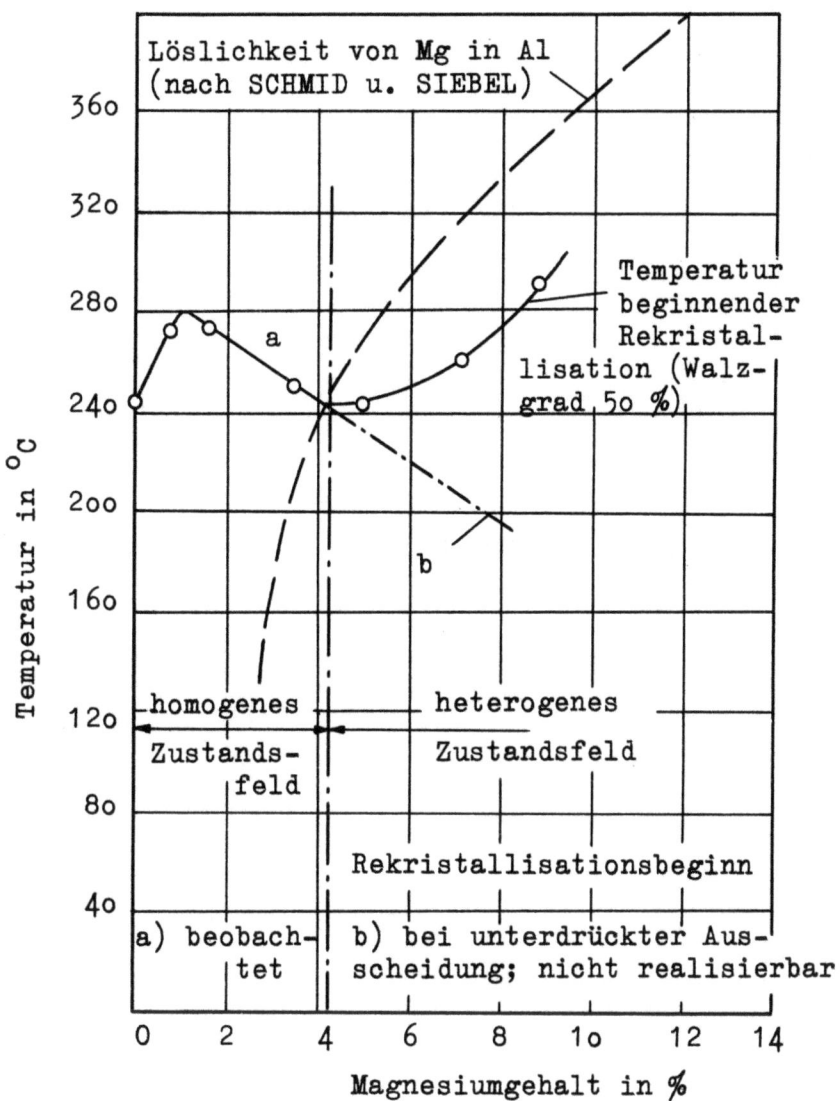

Abbildung 41

Beziehung der Rekristallisationstemperatur zum Zustandsbild
bei Al Mg - Legierungen (nach BUNGARDT und OSSWALD)

mit dem Übergang ins heterogene Gebiet ein Ansteigen der Rekristallisationstemperatur verbunden ist. Diesen Versuchsergebnissen entspricht die Erfahrung, daß auch andere Legierungen, beispielsweise diejenigen vom Al Zn Mg- und Al Cu Mg - Typ wesentlich rekristallisationsfreudiger sind, wenn die Gußblöcke vor ihrer Verarbeitung einer "Homogenisierungsglühung" unterworfen werden. In der Abbildung 42 und 43 (s. Seite 52) ist das Makrogefüge je einer großen im Gesenk gepreßten Radscheibe aus einer Al Cu Mg - Legierung wiedergegeben, von denen die grob rekristallisierte aus einem homogenisierten Block, die nicht oder nur wenig rekristalli-

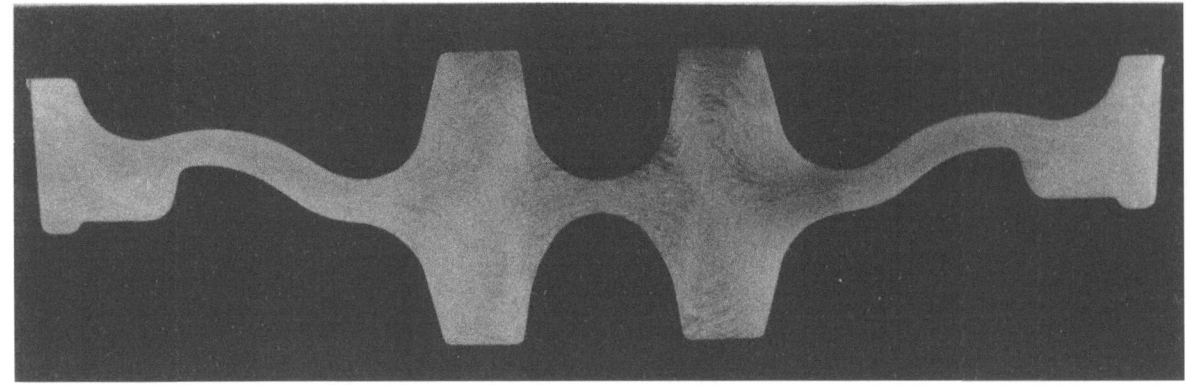

Abbildung 42
Gesenkgepreßtes Rad aus Al Cu Mg; Guß vor der Verformung homogenisiert

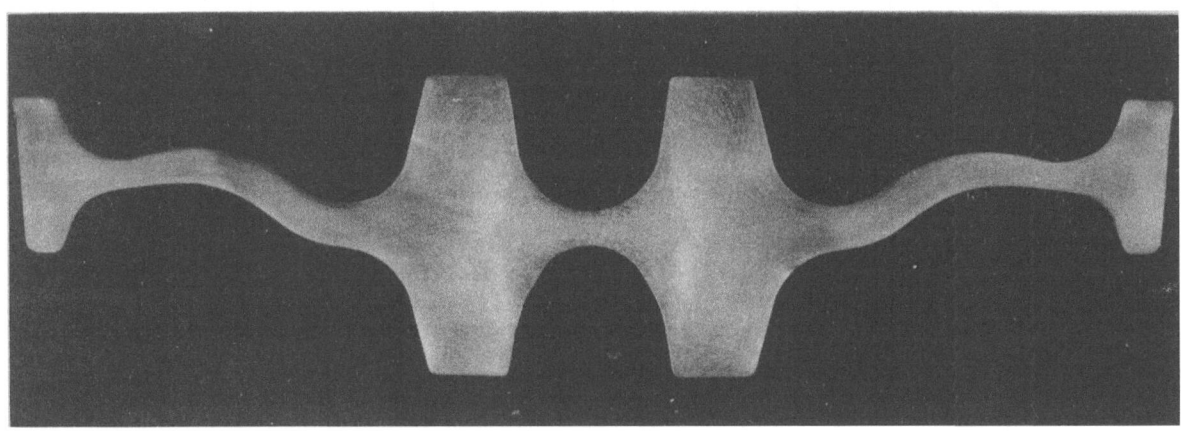

Abbildung 43
Gesenkgepreßtes Rad aus Al Cu Mg; Guß vor der Verformung
nicht homogenisiert

sierte hingegen aus einem nicht homogenisierten Block stammt. In Analogie zu den beschriebenen Versuchen bzw. Erfahrungen kann also angenommen werden, daß die rekristallisationshemmende Wirkung des Mn mit den Ausscheidungsvorgängen der "U-Phase" bei den üblichen Verformungs- und Lösungsglühtemperaturen der Al Cu Mg - Legierungen in Zusammenhang steht. Diese U-Phase ist hochdispers und infolgedessen chemisch sehr aktiv. Sie wäre, wenn die wiedergegebene Anschauung stimmen würde, auch in der Lage, das Potential des Mischkristalls und damit auch das Spannungskorrosionsverhalten zu beeinflussen.

Die gleichen Wirkungen, wie sie das Mn in Al Cu Mg - Legierungen ausübt
- also Erhöhung der Rekristallisationstemperatur und damit Förderung der
Ausbildung des Preßeffektes - haben nach H. VOSSKÜHLER [14], BUNGARDT und
SCHAITBERGER [17] auch Cr und V, also diejenigen Elemente, die als Stabilisatoren auch das Spannungskorrosionsverhalten der Al-Zn-Mg - Legierungen verbessern. Es lag daher nahe, anzunehmen, daß die spannungskorrosionsverbessernde Wirkung des Cr ebenfalls auf den Ausscheidungsvorgängen einer Cr-haltigen Phase innerhalb des Mischkristalls beruht.

2. Gefügeuntersuchungen an Cr-haltigem Al Zn Mg - Guß

Zwecks Klärung der aufgeworfenen Fragen wurden kleine Proben unter Bedingungen gegossen, die zu einer in etwa den betrieblichen Verhältnissen entsprechenden Erstarrungsgeschwindigkeit führten. Die zunächst untersuchte Legierung enthielt neben den üblichen Beimengungen des Reinaluminiums, also etwa 0,28 % Fe und 0,12 % Si, ca. 8,5 % $MgZn_2$ und 0, 0,15, 0,3 und 0,4 % Cr. Das Gefüge dieser Proben wurde im Gußzustand und nach 3-tägiger Glühung bei 530° geprüft. Das Ergebnis dieser Prüfung enthalten die Gefügeaufnahmen in den Abbildungen 44 bis 46 (s. Seite 54 u. 55). Der unbehandelte Gußzustand bei 0 bzw. 0,4 % Cr (Abb. 44 und 45) zeigt keine wesentlichen Unterschiede. In beiden Fällen ist neben α-Mischkristallen die an den Korn- und Zellengrenzen liegende Restschmelze zu erkennen. Beide Proben zeigen Kristallseigerung, die an den Rändern der α-Kristalle zu schwacher, bei Cr-Zusatz etwas stärkerer sekundären Heterogenität geführt hat.

Die 3 Tage lang bei 530° geglühten Proben in der Abbildung 46a-d (siehe Seite 55-56) lassen in sehr deutlicher Weise erkennen, daß die primären α-Kristalle bei der zusatzfreien Legierung eine Homogenisierung erfahren haben, während bei den übrigen Proben mit steigendem Cr-Gehalt eine sich ebenfalls steigernde Heterogenisierung der α-Kristalle stattgefunden hat. Hieraus kann also geschlossen werden, daß die üblichen Verformungs- und Glühtemperaturen für Al Zn Mg - Legierungen bei Cr-Zusatz im heterogenen Gebiet liegen, bei der zusatzfreien Legierung hingegen im homogenen Gebiet. Ziehen wir die Parallele zu den Ergebnissen von BUNGARDT und OSSWALD an binären Al Mg - Legierungen, wonach die Rekri-

---

17. BUNGARDT und SCHAITBERGER, "Z.f.Metallkunde", Bd. 36 (1944) S. 192.

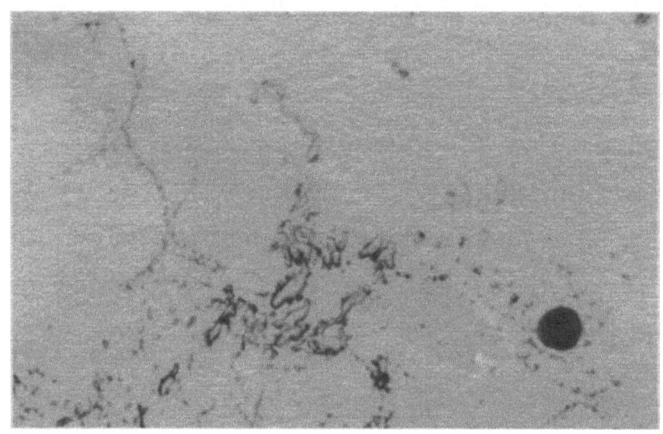

Abbildung 44
Gußzustand Al Zn Mg ohne Cr, Ätzung 0,5 HF; 1000 x

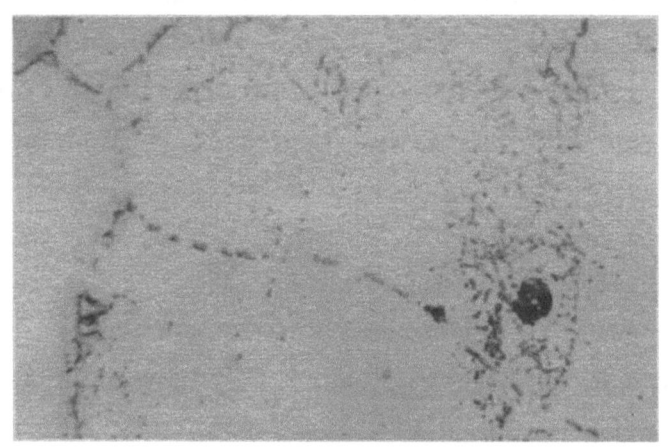

Abbildung 45
Gußzustand Al Zn Mg mit Cr, Ätzung 0,5 HF; 1000 x

stallisation erst bei Temperaturen im homogenen Gebiet oder zumindest bei weitgehender Annäherung an dieses stattfinden kann, so ergibt sich, daß die bekannte Erhöhung der Rekristallisationstemperatur durch Cr mit den bei den üblichen Verformungs- und Glühtemperaturen stattfindenden Vorgängen zusammenhängt, die im Endzustand zur Heterogenisierung bzw. zur Ausscheidung einer nicht genauer definierbaren Cr-haltigen Phase führen. Diese Vorgänge weisen eine große Ähnlichkeit mit denen auf, die von M. DUDEK, H. MAHL und H.I. SEEMANN in Mn-haltigen Al Cu Mg - Legierungen gefunden wurden. Es wurde weiter oben bereits festgestellt,

Forschungsberichte des Wirtschafts- und Verkehrsministeriums Nordrhein-Westfalen

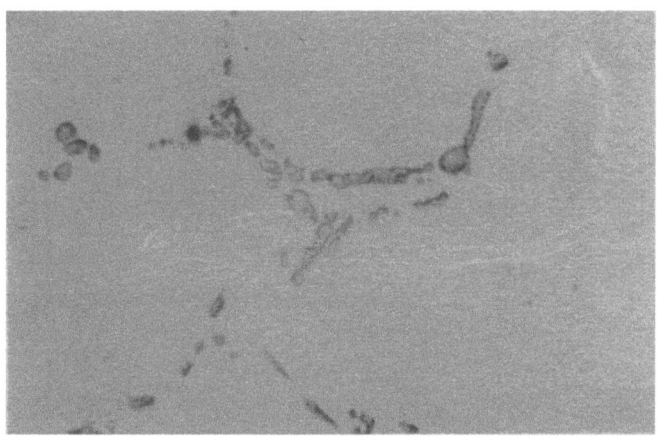

A b b i l d u n g 46a
Wie Abbildung 44, Al Zn Mg ohne Zusatz. 3 Tage 530°;
abgeschreckt in Wasser. Ätzung o,5 HF; 1ooo x

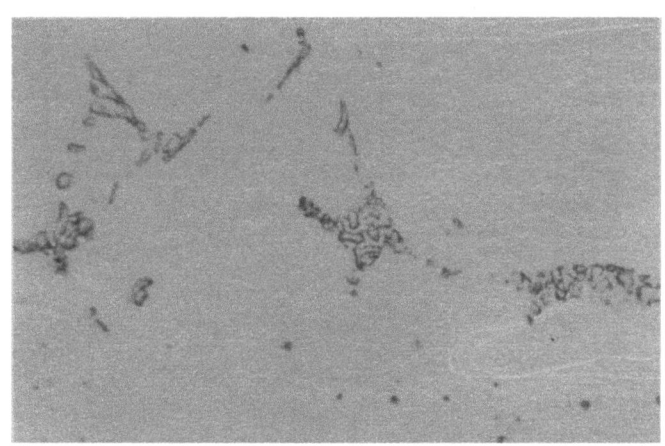

A b b i l d u n g 46b
Al Zn Mg mit o,15 % Cr; 3 Tage 530°; abgeschreckt in Wasser.
Ätzung o,5 HF; 1ooo x

daß entsprechend den Abbildungen 38 und 39 (siehe Seite 49) in Abhängigkeit von der Glühtemperatur sichtbare Gefügeänderungen vor sich gehen, die vermuten lassen, daß nicht die von M. DUDEK, H. MAHL und H.I. SEEMANN als "U-Phase" bezeichneten Ausscheidungen selbst, sondern daß ein durch Cr verursachter, verhältnismäßig stabiler Übergangszustand zwischen dem homogenen übersättigten Mischkristall und der bei den Verarbeitungstemperaturen nur langsam zur Ausscheidung gelangenden Cr-haltigen Phase in Hinblick auf die spannungskorrosionsbeeinflussende Wirkung

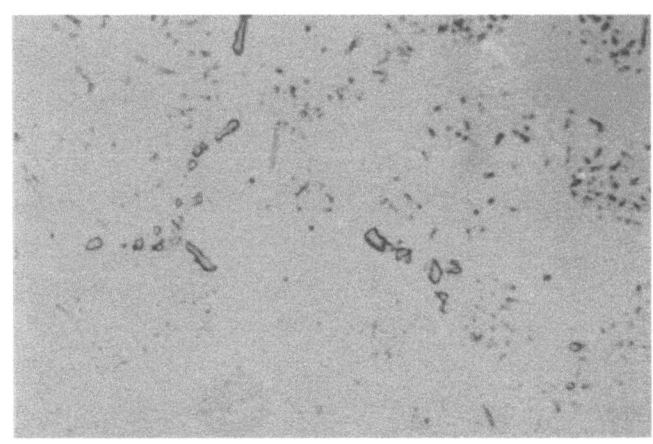

Abbildung 46c
Al Zn Mg mit 0,3 % Cr; 3 Tage 530°; abgeschreckt in Wasser.
Ätzung 0,5 HF; 1000 x

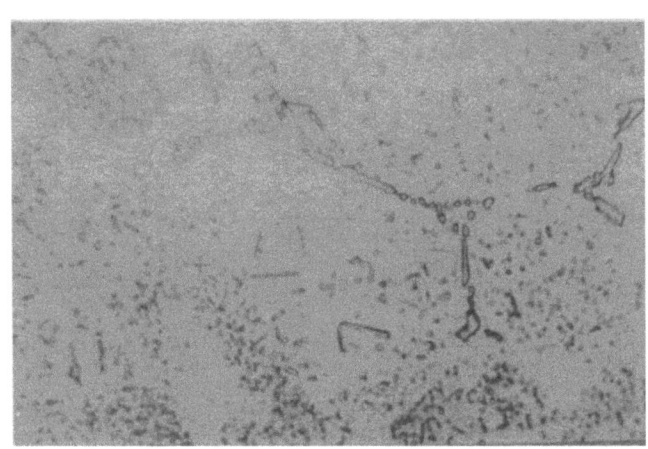

Abbildung 46d
Al Zn Mg mit 0,4 % Cr; 3 Tage 530°; abgeschreckt in Wasser.
Ätzung 0,5 HF; 1000 x

von wesentlicher Bedeutung ist. Diese Vermutung war der Anlaß zu weiteren Untersuchungen an gegossenen und stranggepreßten Proben. Um zunächst die spezifische Wirkung des Cr kennen zu lernen und den Einfluß anderer bei betriebsmäßig hergestellten Schmelzen vorhandener Elemente, wie z.B. Fe und Si, auszuschalten, wurden kleinere Probeblöcke aus Reinstaluminium gegossen, die in einem Falle ungefähr 8,5 % $MgZn_2$ und im zweiten Falle noch zusätzlich 0,4 % Cr enthielten. Proben aus diesen Gußblöcken wurden jeweils 3 Tage bei 330, 390, 450, 530 und 580° geglüht und in Wasser abgeschreckt.

Das Gefüge der so behandelten Proben nach Ätzung mit o,5 HF enthält die Abbildung 47 a - f (s. Seite 58-59).

Der unbehandelte Gußzustand erstarrt bei der Cr-freien und der Cr-haltigen Legierung nahezu homogen, h.d. ohne eutektische Restschmelze. In den Korngrenzen sind feine Perlschnüre und im Primärkristall selbst entlang der sogenannten "Äderung" [18] ebenfalls perlschnurartige und auch ungleichmäßig verteilt punktförmige Ausscheidungen von $Mg\,Zn_2$ zu erkennen; sie sind bei Cr-Zusatz wenig stärker als bei der Cr-freien Legierung.

Durch die Glühung bei 330° - also unterhalb der Löslichkeitslinie - tritt bei beiden Legierungen eine gleichmäßige Heterogenisierung des Primärkristalls durch feine $Mg\,Zn_2$-Ausscheidungen ein, von der nur ein schmaler Saum an den verarmten Korngrenzen entlang ausgenommen ist. In dem Korngrenzen-Scheitelpunkt der Cr-haltigen Legierung liegt ein kleiner $Al_7\,Cr$ - Kristall.

Durch Erhöhung der Glühtemperatur auf 390°, also auf eine Temperatur, die nur etwa 15° oberhalb der Löslichkeitslinie liegt, ist der größte Teil des $Mg\,Zn_2$ in Lösung gegangen. Der Rest befindet sich noch ausgeschieden in den durch Kristallseigerung angereicherten Zonen, die infolge ihrer höheren Konzentration bei 390° unterhalb der Löslichkeitslinie lagen; die Ausscheidungen sind bei dieser höheren Temperatur mehr koaguliert und daher gröber. Die Cr-haltige Legierung zeigt eine gleichartige, jedoch stärkere Heterogenität als die Cr-freie.

Bei 450° ist die Cr-freie Legierung völlig homogen, während die Cr-haltige noch keinerlei äußerliche Veränderung gegenüber einer Glühtemperatur von 390° erfahren zu haben scheint.

Eine Glühtemperatur von 530° ändert das bei 450° gefundene homogene Gefüge der Cr-freien Legierung nicht mehr, weswegen von einer Aufnahme Abstand genommen wurde. Eine wesentliche Veränderung tritt aber im Falle eines Cr-Zusatzes ein: Die Heterogenität des Primärkristalles wird merklich verstärkt. Die ausgeschiedene Phase behält im Vergleich mit dem für 450° gefundenen Ergebnis in den durch Kristallseigerung angereicherten Zonen ihren punktförmigen Charakter bei, während in den verarmten Kernzonen eine typisch nadelförmige, Cr-haltige Phase in Erscheinung tritt.

---

18. HANEMANN und SCHRADER, "Atlas Metallographicus", Bd. III, 1.Teil, S.14

Mit 0,4 % Cr-Zusatz ohne Cr-Zusatz

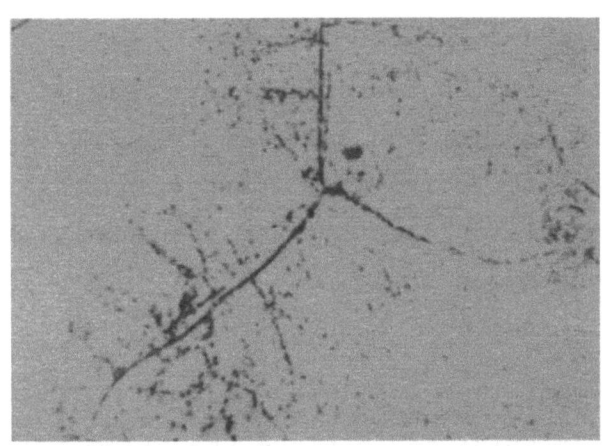 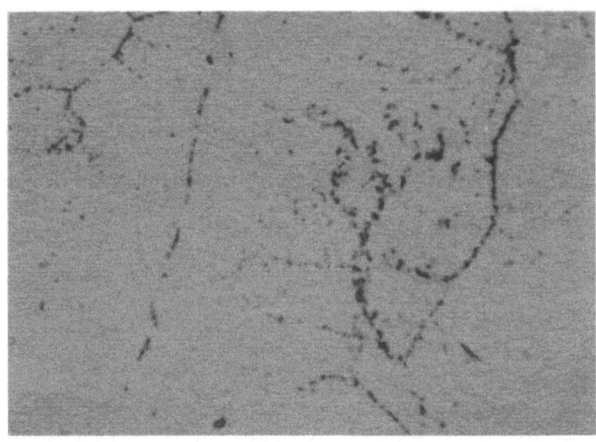

Unbehandelter Gußzustand

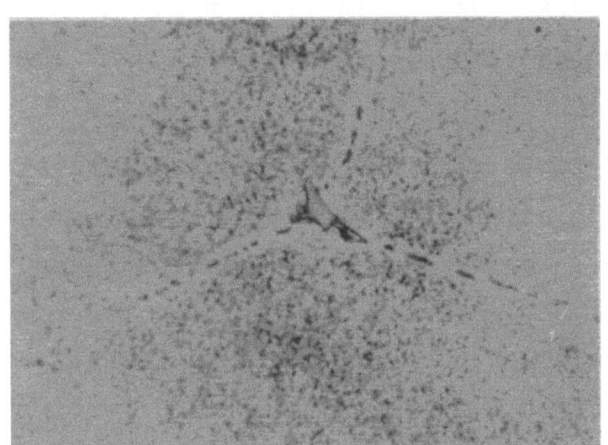 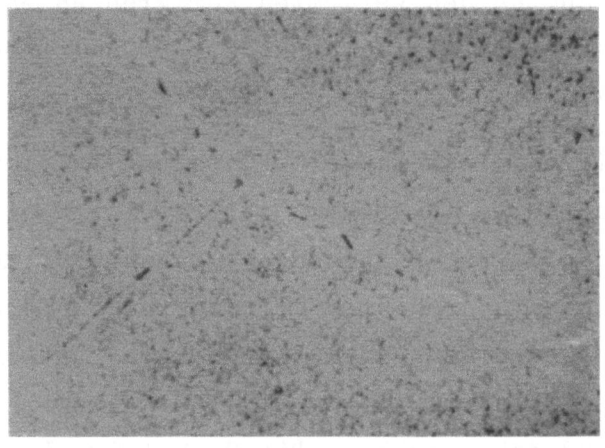

3 Tage 330°; in Wasser abgeschreckt

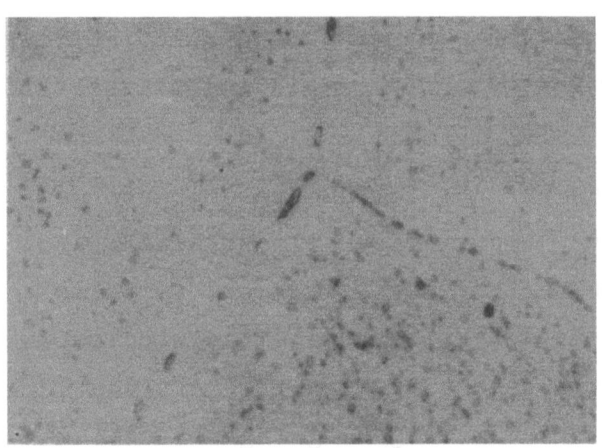 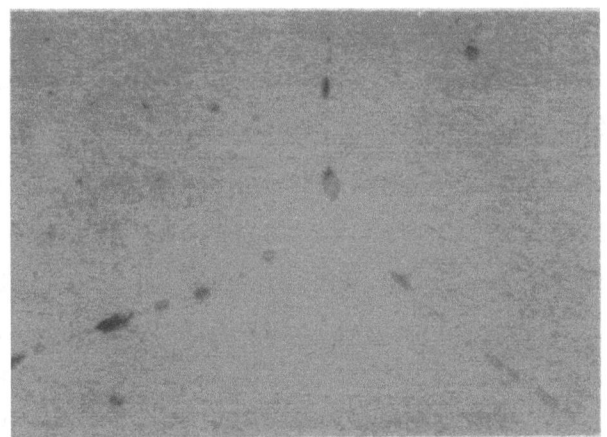

3 Tage 390°; in Wasser abgeschreckt

Abbildung 47

Gefüge von unbehandeltem und geglühtem Al Zn Mg-Guß mit ca. 8,5 % $MgZn_2$; erschmolzen aus Al 99,99; Ätzung 0,5 HF; Vergrößerung 1000 x

Mit 0,4 % C-Zusatz Ohne Cr-Zusatz

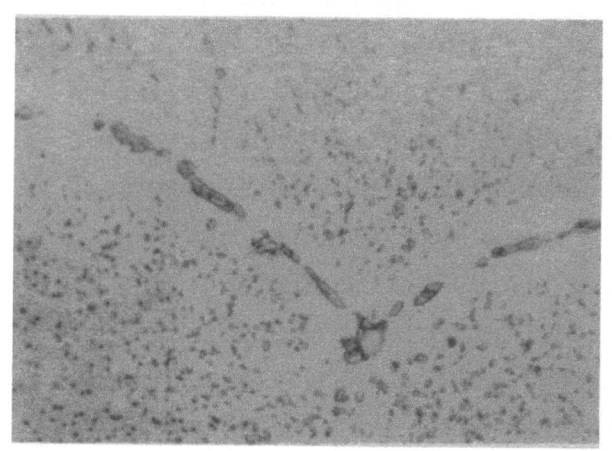 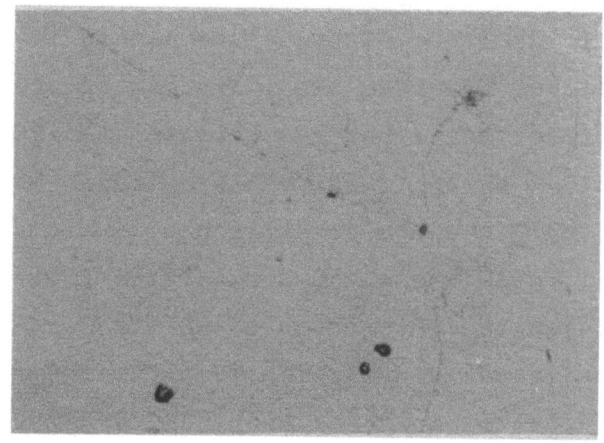

3 Tage 450°; in Wasser abgeschreckt

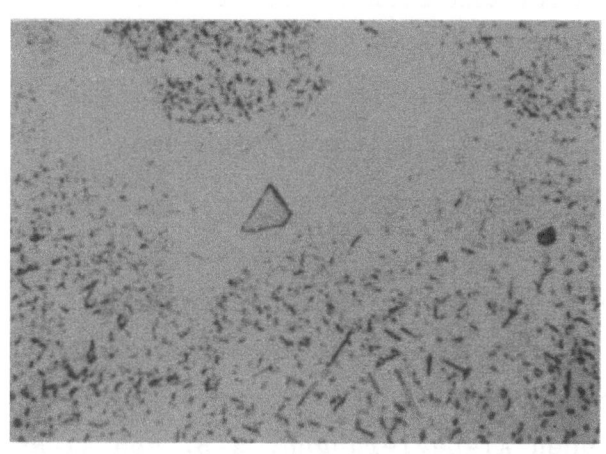

3 Tage 530°; in Wasser abgeschreckt

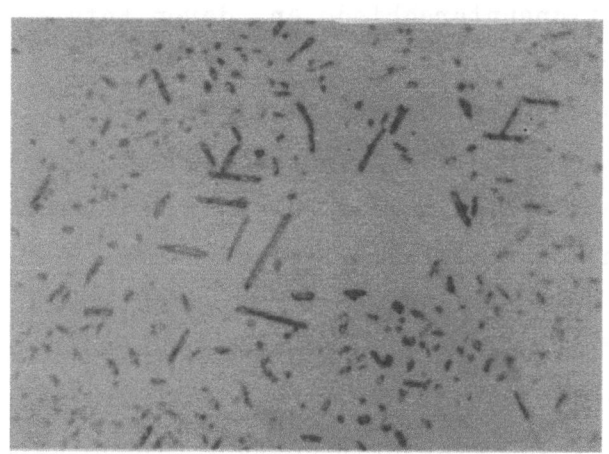

3 Tage 580°; in Wasser abgeschreckt

A b b i l d u n g 47

(Fortsetzung)

Bei 580° koagulieren die punktförmigen Ausscheidungen in der angereicherten Randzone, während die Nadeln im Kern der Primärkirstalle noch deutlicher geworden sind. Wir hatten oben betont, daß die gezeigten Gefügebilder bei einer aus Reinstaluminium erschmolzenen Legierung mit etwa 8,5 % $MgZn_2$ festgestellt wurden. Bei handelsüblicher Zusammensetzung, d.h. bei einem zusätzlichen Gehalt von o,25 - o,30 % Fe und o,1 - o,15 % Si verhält sich die Cr-haltige Legierung grundsätzlich ähnlich, die Heterogenität ist jedoch etwas stärker und die Gefügeveränderungen erfolgen bei etwas niedrigeren Temperaturen, was auf eine die Löslichkeit vermindernde Wirkung des Fe hindeutet. Zusätzlich tritt mit einem verhältnismäßig großen Flächenanteil eine ternäre Verbindung T (Al Fe Si) auf, die auch bei hohen Temperaturen bestehen bleibt und sich dabei etwas einformt. Die Abbildung 48 zeigt Gefügeaufnahmen einer solchen betriebsmäßig zusammengesetzten Legierung ohne Cr und mit etwa o,4 Cr bei 2 2oo-facher Vergrößerung. Die Glühtemperaturen sind in der Abbildung angegeben.

Wenn man nun die Schliffe der in der Abbildung 47 gezeigten Gefügearten mit einem Kornflächenätzmittel (1o HF + 1o HNO_3), welches Konzentrationsunterschiede bekanntlich sehr deutlich hervortreten läßt, behandelt, so kommt man zu dem aus der Abbildung 49 a-c (s. Seite 62) zu entnehmenden Bild. Es treten hier bei der Cr-haltigen Legierung wabenförmige Ätzerscheinungen auf, wie sie bei verschiedenen Al-Legierungen, z.B. den Al-Mn und den Al-Cr-Legierungen [19] bekannt sind. Sie deuten stärkere Kristallseigerungen, mithin stärkere Konzentrationsunterschiede an, deren Entstehung sich HANEMANN und SCHRADER so vorstellen, daß die zuerst kristallisierenden "Achsstreifen" die Grundmasse bilden und daß um diese "Achsstreifen" herum dann eine netzförmig angeordnete Schmelze anderer Konzentration erstarrt. Der Ätzangriff an den Grenzen beider Bereiche ist wegen der sich offenbar sprunghaft ändernden Konzentration ziemlich stark. Wird ein derartiges Gefüge bei höheren Temperaturen längere Zeit geglüht, so erfolgt auf Grund der einsetzenden Diffusionen ein Konzentrationsausgleich, der das Verschwinden der "Waben" zur Folge haben muß. Dieses ist, wie unsere Gefügebilder zeigen, auch der Fall. Von größter Bedeutung erscheint uns aber die Feststellung, daß die Konzentrationsunterschiede nur bei der Cr-haltigen Legierung vorhanden sind und nicht bei der Cr-freien, worin ein Beweis für die diffusionsbehindernde Wirkung des Cr gesehen werden kann.

---

19. HANEMANN und SCHRADER, "Atlas Metallographicus", Bd.III, 1.Teil S.13

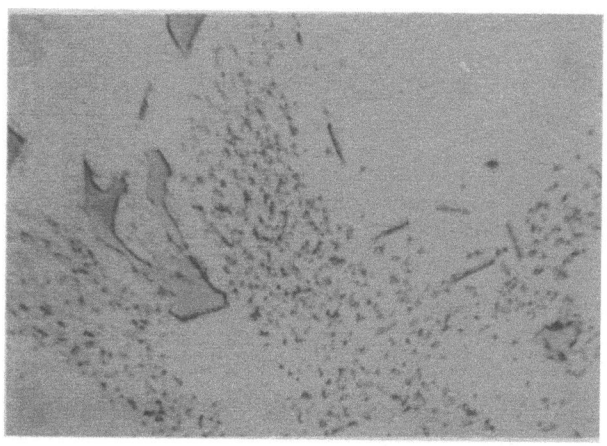

8,5 % Mg Zn$_2$ + 0,4 % Cr; 3 Tage 450°; abgeschreckt in Wasser

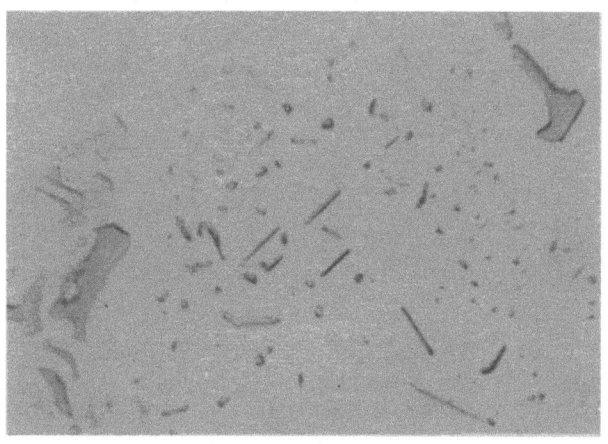

8,5 % M Zn$_2$ + 0,4 % Cr; 3 Tage 530°; abgeschreckt in Wasser

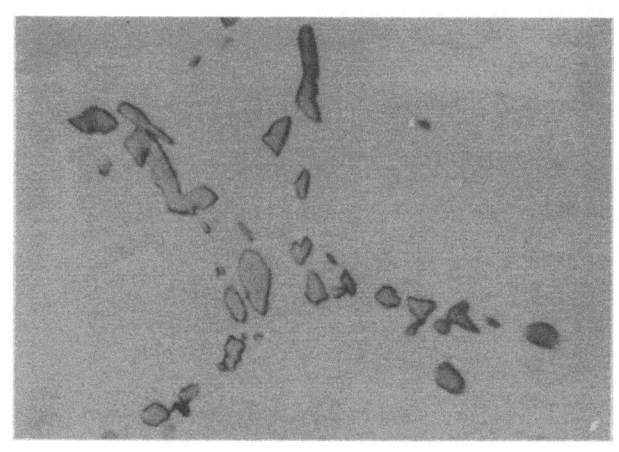 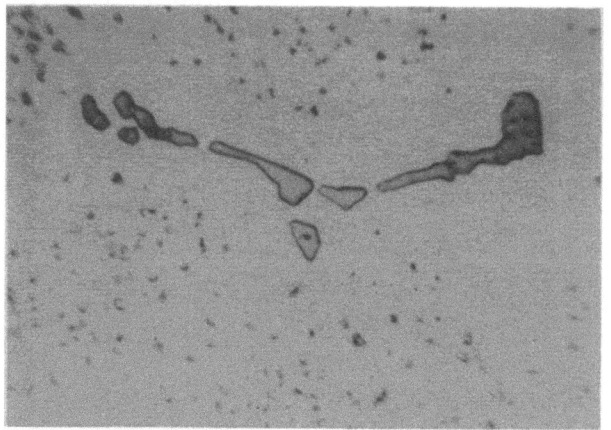

8,5 % Mg Zn$_2$ ohne Cr   8,5 % Mg Zn$_2$ + 0,4 % Cr
3 Tage 580°; abgeschreckt in Wasser

A b b i l d u n g   48

Gefüge von unbehandeltem und geglühtem Al Zn Mg-Guß mit ca. 8,5 % MgZn$_2$;
erschmolzen aus Al 99,5 mit 0,28 % Fe und 0,11 % Si.
Ätzung 0,5 HF; Vergrößerung 2200 x

Mit 0,4 % Cr-Zusatz   Ohne Cr-Zusatz

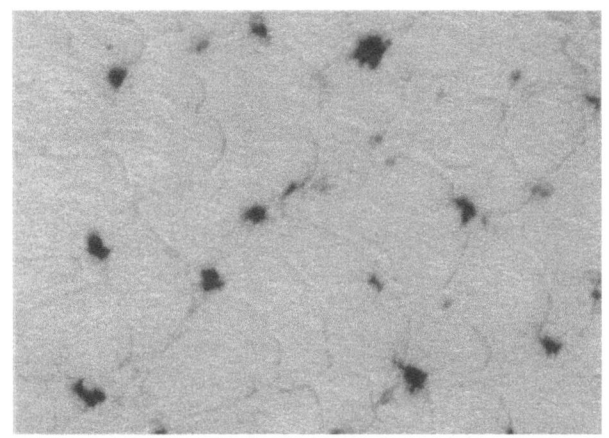 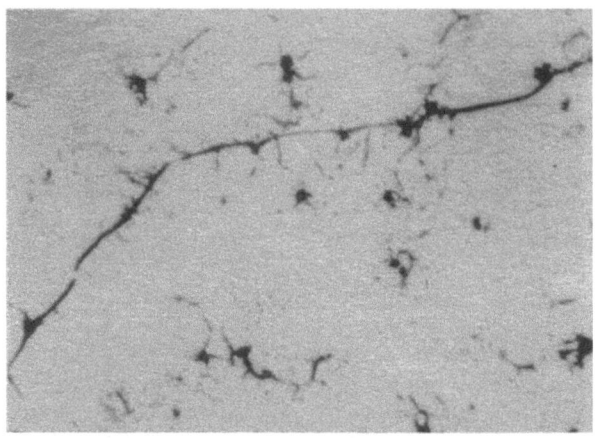

Unbehandelter Gußzustand

 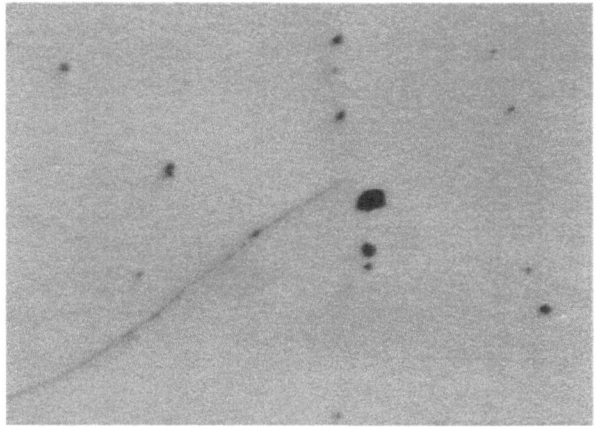

3 Tage 450°; in Wasser abgeschreckt

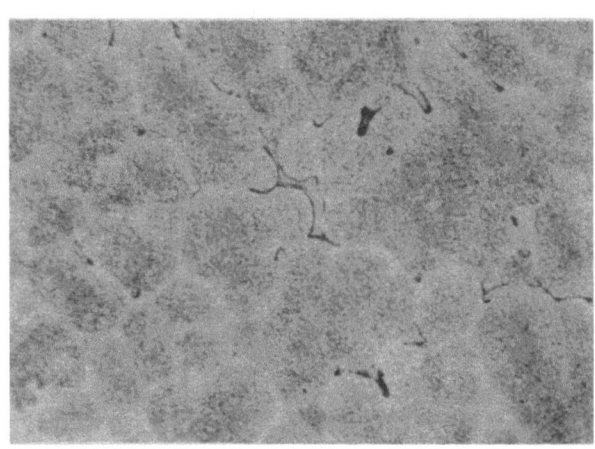

3 Tage 530°; in Wasser abgeschreckt

A b b i l d u n g   49

Gefüge von unbehandeltem und geglühtem Al Zn Mg-Guß mit ca. 8,5 % $MgZn_2$; erschmolzen aus Al 99,99; Ätzung: HF + NHO_3; Vergrößerung 160 x

Wenn wir nun die im Guß gefundenen Gefügebilder miteinander vergleichen, so finden wir, daß oberhalb der einem $Mg\,Zn_2$ - Gehalt von etwa 8,5 % entsprechenden Löslichkeitstemperatur von ca. 375° in den durch Kristallseigerung angereicherten Zonen - sowohl bei der Cr-freien als auch bei der Cr-haltigen Legierung - noch heterogene $Mg\,Zn_2$ - Ausscheidungen vorhanden sind, was ohne weiteres damit erklärt werden kann, daß in diesen höher konzentrierten Bereichen bei der angewandten Temperatur die Löslichkeitslinie noch nicht überschritten war. Die verarmten Kerne, die mit den zuerst erstarrten Dendritenästen identisch sind, sind hingegen bereits bei niedrigeren Temperaturen homogen. Während nun aber die heterogenen $Mg\,Zn_2$-Ausscheidungen bei dem Cr-freien Werkstoff oberhalb von 420° vollkommen verschwinden, bleiben sie und auch die Waben bei der Cr-haltigen Legierung bestehen. Letztere verschwinden bei höheren Temperaturen, z.B. 530°, auch im Falle eines Cr-Zusatzes, die punktförmigen Ausscheidungen in den ursprünglich an $Mg\,Zn_2$ angereicherten Zonen hingegen nicht. Es ist nun wichtig, daß gleichzeitig mit dem Verschwinden der "Waben" in den ursprünglich an $Mg\,Zn_2$ verarmten "Achsstreifen", eine neue Phase in Form von typischen Nadeln erscheint.

Wir glauben auf Grund dieser Zusammenhänge und in Anlehnung an die Ausführungen von HANEMANN und SCHRADER [20], die diese unter Verwendung von Untersuchungsergebnissen von ERDMANN - JESSNITZER [21] über das ternäre System Al Cr Mg im Atlas Metallographicus gemacht haben, folgende Hypothese aufstellen zu können:

Die an $Mg\,Zn_2$ armen "Achsstreifen" kristallisieren bei verhältnismäßig starker Unterkühlung sehr schnell. Dementsprechend wird bei dieser schnellen Kristallisation die an sich zur Bildung von Al_7Cr führende peritektische Reaktion weitgehendst unterbunden, so daß hierdurch eine über das Gleichgewicht hinausgehende Menge Cr in metastabiler Lösung verbleibt. In einem späteren Stadium der Erstarrung, wenn also infolge Kristallseigerung, eine Anreicherung der Restschmelze an $Mg\,Zn_2$ stattgefunden hat, erstarren die Restfelder, die dann auf Grund ihres höheren $Mg\,Zn_2$ - Gehaltes und wohl auch auf Grund der inzwischen geringer gewordenen Erstarrungsgeschwindigkeit nicht mehr so viel Cr metastabil zu lösen vermögen, wie die "Achsstreifen".

---

20. HANEMANN und SCHRADER, "Atlas Metallographicus", Bd.III, 2. Teil.
21. ERDMANN - JESSNITZER, "Aluminium-Archiv" 29 (1940) Seite 15.

Wird nun ein derart aufgebautes Gefüge höheren Temperaturen ausgesetzt, so behindert das in den "Achsstreifen" in erhöhtem Umfange metastabil gelöste Cr das Eindiffundieren von $Mg Zn_2$ aus den an $Mg Zn_2$ angereicherten Restfeldern in die an $Mg Zn_2$ verarmten Achsstreifen. Auf diese Weise kommt es zur Ausbildung sehr stabiler örtlicher Gleichgewichte, was zur Folge hat, daß die punktförmigen $Mg Zn_2$ - Ausscheidungen Cr-haltiger Legierungen noch bei höheren Temperaturen oder bei längeren Glühzeiten erhalten bleiben, als im Falle Cr-freier Legierungen.

Betrachten wir unser System Al Mg Zn Cr als ein quasiternäres System Al Cr ($Mg Zn_2$), so können wir hinsichtlich der beobachteten Phasen in Anlehnung an ERDMANN - JESSNITZER und an die Ausführungen von HANEMANN und SCHRADER folgendes annehmen:

Die ringförmig in gewisser Entfernung von Korn- und Zellengrenzen angeordneten punktförmigen Ausscheidungen bestehen bei Temperaturen oberhalb der Löslichkeitslinie bis zu etwa $450°$ aus $Mg Zn_2$. Oberhalb etwa dieser Temperaturgrenze beginnen sich in den Cr-reichen und $Mg Zn_2$-armen Achsstreifen typische Nadeln auszuscheiden, die aus Al_7Cr bestehen. In dem gleichen Maße, in dem das Cr in Form von Al_7Cr aus der metastabilen Lösung ausgeschieden wird und damit seine diffusionsbehindernde Wirkung aufhört, diffundiert $Mg Zn_2$ in die verarmten Achsstreifen ein. Gleichzeitig verschwinden die wabenförmigen Erscheinungen, was auf den beginnenden Konzentrationsausgleich hindeutet. Sobald dieser Konzentrationsausgleich weitgehend abgeschlossen ist, erfolgen die Phasenumwandlungen in den Achsstreifen und in den Restfeldern bei weiter gesteigerten Temperaturen in gleicher Weise. Das Gefüge strebt dem Zweiphasengleichgewicht α - T (Al Cr ($Mg Zn_2$)) zu, was bedeuten würde, daß sich sowohl die Al_7Cr-Nadeln in den Achsstreifen als auch die punktförmigen $Mg Zn_2$-Ausscheidungen unter weitgehender Beibehaltung ihrer äußeren Form in die genannte quasiternäre T-Phase umwandeln, auf die wir später noch einmal zurückkommen werden.

3. Gefügeuntersuchungen an Cr-haltigen Al Zn Mg-Preßprofilen

Bekanntlich gehen nun die zum Konzentrationsausgleich führenden Diffusionen während einer Verformung erheblich schneller als während der Glühung des Gusses vor sich, oder es werden zumindest durch die Verformung wesentlich günstigere Diffusions-Vorbedingungen bei einer späteren Glühung ge-

Forschungsberichte des Wirtschafts- und Verkehrsministeriums Nordrhein-Westfalen

sucht, den Übergang vom Guß zum Preßgefüge bei der zusatzfreien und bei der Cr-haltigen Legierung zu erfassen. Da die Anwärmung der Gußblöcke bei der Herstellung der für diese Untersuchung verwendeten Profile, wie bereits erwähnt, induktiv, d.h. sehr schnell, erfolgte, war eine wesentliche Änderung des Gußgefüges zu Beginn des Preßvorganges noch nicht eingetreten. Die Gefügeuntersuchung von Profilproben, die nur etwa 20 mm vom Preßanfang entnommen wurden, ergab das folgende Bild, welches nicht nur in Hinblick auf die hier in der Hauptsache untersuchte Spannungskorrosion, sondern auch in Hinblick auf die Veränderungen des Gefüges beim Übergang vom Gußzustand in den warmverformten Zustand, sowie in Hinblick auf die Art und Weise der rekristallisationshemmenden Wirkung des Cr, wichtige Aufschlüsse gibt.

Die Abbildung 50 (s. Seite 66) zeigt bei nur 160-facher Vergrößerung das bei einer Profilprobe im Preßzustand vorliegende Gefüge und zwar dasjenige ohne Cr-Zusatz. Die Probe, die nur 20 mm vom Anfang des Profils entnommen wurde, ist bereits stellenweise spontan rekristallisiert. Die rekristallisierten Zonen schließen die ursprünglich an den Korn- und Zellengrenzen liegende Restschmelze ein; die neuen Kristalle sind in diesen Fällen meistens verhältnismäßig klein, eine Tatsache, die darauf hindeutet, daß die Rekristallisation entsprechend den Ergebnissen von BUNGARDT und OSSWALD bevorzugt an solchen Stellen des Mischkristalls einsetzt, die infolge Kristallseigerung an Legierungsbestandteilen verarmt sind. Wie wir gesehen haben, tritt eine solche verarmte, jedoch sehr schmale Zone in unmittelbarer Nähe der Korngrenzen auf. Die Gefügeaufnahme zeigt, daß aber auch an anderen Stellen neue Kristalle entstanden sind. Diese Stellen sind in bevorzugtem Maße mit dem ebenfalls verarmten Kern der ursprünglichen Gußkristalle identisch. In verschiedenen Rekristallisationskörnern sind punktförmige heterogene, vermutlich sekundäre, Ausscheidungen erkennbar.

Die nicht rekristallisierten Zonen zeigen verschwommene wolkige Erscheinungen, die man bei der in der Abbildung 50 (s. Seite 66) gewählten Vergrößerung zunächst als verstärkten Ätzangriff ansprechen würde. Bei der stärkeren Auflösung in Abbildung 51 (s. Seite 66) zeigen sich jedoch in den nicht rekristallisierten Zonen Inhomogenitäten in der Form eines ausgesprochenen Netzwerkes. Dieses Netzwerk, das an solchen Stellen und unter solchen Bedingungen, unter denen die Einstellung des Gleichgewichtes

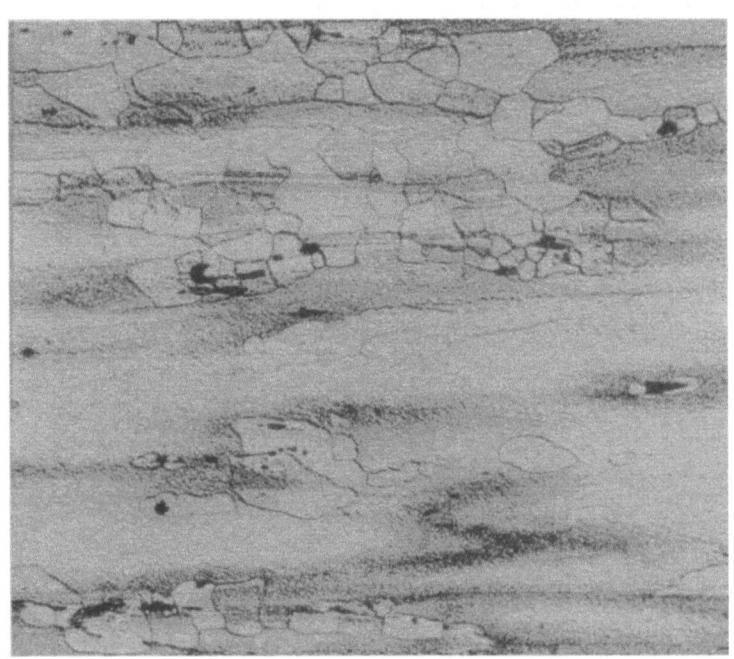

Abbildung 50
Profilanfang aus einer Cr-freien Al Zn Mg-Legierung.
Ätzung: HF + HNO_3;   160 x

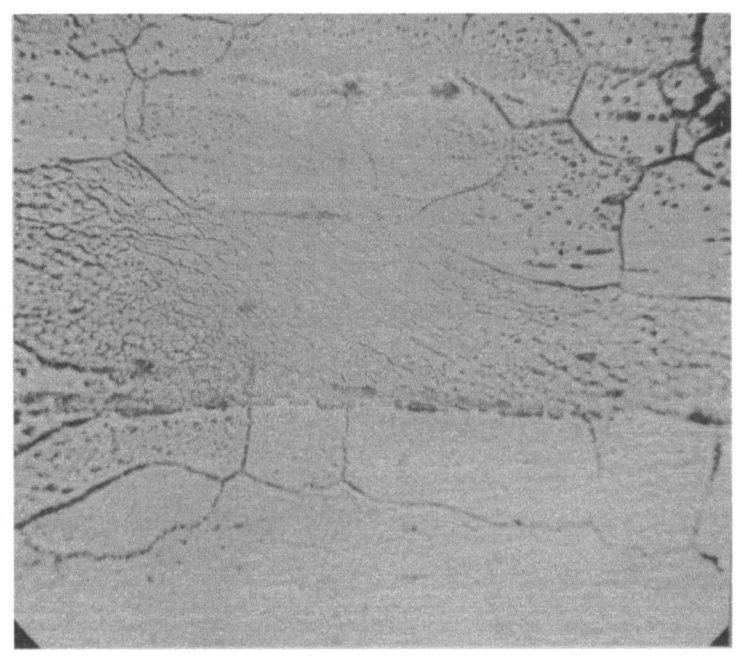

Abbildung 51
Profilanfang aus einer Cr-freien Al Zn Mg-Legierung.
Ätzung: HF + HNO_3;   1900 x

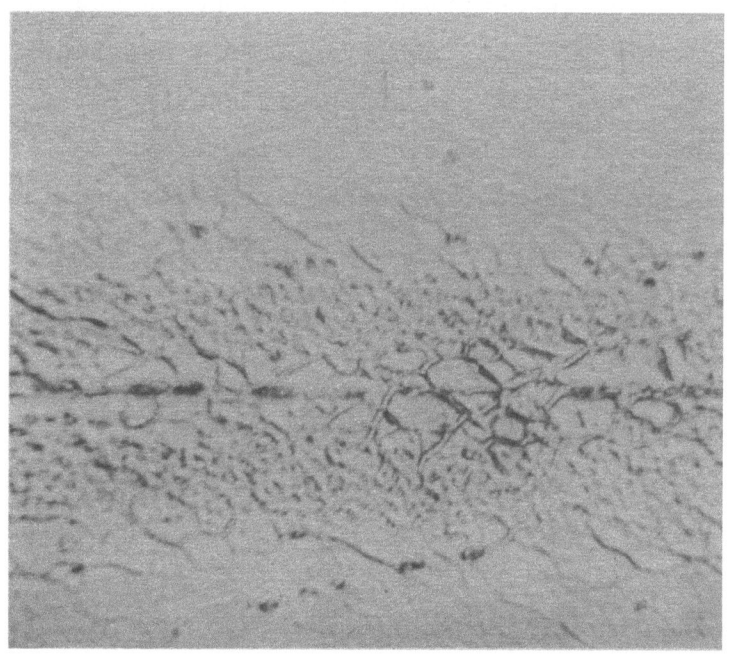

Abbildung 52
Netzwerk in der Umgebung von Restschmelze.
Ätzung: HF + HNO_3; 2200 x

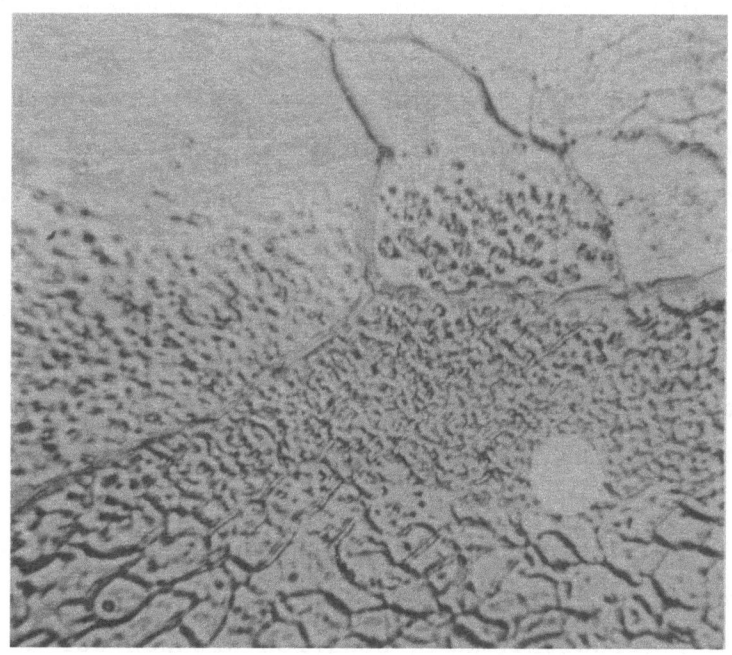

Abbildung 53
Übergang von rekristallisierter zu nicht rekristallisierter Zone.
Ätzung: HF + HNO_3; 2200 x

noch nicht sehr weit fortgeschritten ist, besonders deutlich in Erscheinung tritt (siehe Abb. 52, Seite 67), vermittelt bei schwächerer Vergrösserung den Eindruck eines wolkigen Ätzangriffes. Es ist nun sehr aufschlußreich, daß das Netz, wie die Abbildung 51 klar erkennen läßt, in den bereits spontan rekristallisierten Bereichen verschwunden ist und daß sich an dessen Stelle punktförmige heterogene Ausscheidungen gebildet haben oder daß die Rekristallisationskörner ganz homogen sind. Beides, Netzwerk und heterogene Ausscheidungen, verschwinden bei der sich in diesem Stadium des Preßvorganges noch steigernden Temperatur verhältnismäßig schnell, so daß das Gefüge des hier untersuchten Profils bereits 80 - 100 mm vom Preßanfang entfernt rekristallisiert und nur wenig sekundäre Heterogenität zeigt, die gleichmäßig verteilt ist. Die Grenze zwischen dem nicht rekristallisierten und dem rekristallisierten Gefüge zeigt bei ca. 2200-facher Vergrößerung die Abbildung 53 (siehe Seite 67) (der runde weiße Fleck ist ein Plattenfehler!). Man sieht im unteren Teil des Bildes ein ausgeprägtes Netzwerk, das nach oben in ein Wirrwarr von restlichen Netzwerkgrenzen und punktförmigen Ausscheidungen übergeht; dann folgen die ein ähnliches Ätzbild wie das Netzwerk zeigenden Korngrenzen nach dem rekristallisierten Gefüge hin; oberhalb dieser Korngrenzen, also im Rekristallisationsgefüge, sind nur punktförmige heterogene Ausscheidungen erkennbar. Diese sind vor ihrer vollständigen Auflösung zonenförmig und unabhängig von den Grenzen der Rekristallisationskörner angeordnet, wie die schwächere Vergrößerung in der Abbildung 51 klarer erkennen läßt; sie sind identisch mit Bereichen höherer Konzentration im ursprünglichen Gußgefüge, wie man ebenfalls der Abbildung 51 entnehmen kann.

Wir konnten nun feststellen, daß die beschriebenen im Verformungsgefüge Cr-freier Legierungen auftretenden, netzförmig angeordneten Grenzen ätzanalytisch identisch sind mit den bereits weiter oben beschriebenen zeilenförmigen Inhomogenitäten bei Cr-haltigen Legierungen, die zur transkristallinen Schichtkorrosion und damit zum elektrochemischen Schutz der Korngrenzen geführt hatten. Diese zeilenförmigen Erscheinungen wiederum stimmen ätzanalytisch mit den sich zwischen "Achsstreifen" und "Restfeldern" zeigenden, verhältnismäßig scharfen Grenzen der wabenförmigen Kristallseigerung im Gußgefüge überein. Hieraus ist zu entnehmen, daß es sich in allen Fällen unabhängig von der äußeren Form und den Entstehungsbedingungen um einen durch Konzentrationsunterschiede zustande kommenden Ätzangriff handelt.

Forschungsberichte des Wirtschafts- und Verkehrsministeriums Nordrhein-Westfalen
___

Derartige Konzentrationsunterschiede werden während einer Warmverformung oder auch während einer Glühung umso schneller ausgeglichen, je weiter die angewandte Temperatur oberhalb der Löslichkeitslinie liegt. Die Einstellung eines örtlichen Gleichgewichtes wird also in solchen Bereichen am schnellsten erfolgen, in denen infolge Kristallseigerungen oder anderer Vorgänge eine Verarmung an Legierungskomponenten eingetreten ist. In den gleichen Zonen setzt, wie unsere Gefügeuntersuchungen am Anfang der Cr-freien Profile deutlich gezeigt haben, die Rekristallisation ein. Letztere greift aber auch in dem Stadium, in dem sich der von uns untersuchte Schliff während der Verformung befand, bereits auf Zonen über, die infolge Kristallseigerung angereichert waren; in diesen Zonen sind die Rekristallisationskörner nicht homogen, sondern sie zeigen eine punktförmige Heterogenität, die wiederum auf Einstellung eines örtlichen Gleichgewichtes hindeutet. In allen nicht rekristallisierten Bereichen finden wir weder den homogenen, noch den heterogenen Gleichgewichtszustand, sondern das oben beschriebene typisch netzförmige Gefüge, was somit als charakteristisch für den verformten, nicht rekristallisierten und nicht im Gleichgewicht befindlichen, mithin übersättigten Zustand angesehen werden kann. Die Entstehung des Netzwerks kommt dadurch zustande, daß sich der zunächst überschüssig gelöste Anteil an Legierungselementen, wie dies beispielsweise von Ausscheidungsvorgängen her allgemein bekannt ist, in den durch die Verformung gestörten Gitterebenen, sammelt. Sobald also durch Erhöhung der Temperatur oder Verlängerung der Glühdauer die Übersättigung aufhört, indem sich entweder - im heterogenen Gebiet - punktförmige, perlschnurartig angeordnete Ausscheidungen bilden, oder indem sich - im homogenen Gebiet - die in den gestörten Gitterebenen angereicherten Bestandteile auflösen, verschwindet das beobachtete Netzwerk und mit ihm vermutlich auch die Gitterstörungen selbst. Beide Vorgänge zusammen würden zur Einstellung des Gleichgewichtes und zur Rekristallisation führen.

In diesen Vorgängen liegt wahrscheinlich die Ursache für die von BUNGARDT und OSSWALD festgestellten Zusammenhänge zwischen Löslichkeitslinie und Rekristallisation.

In den Cr-freien Al Zn Mg-Legierungen gehen nun, wie bei den Untersuchungen des Gefüges festgestellt werden konnte, der Konzentrationsausgleich und die zu diesem führenden Diffusionsvorgänge sehr schnell vor sich.

Dementsprechend kommt es also zu einer schnellen Einstellung des Gleichgewichtes und damit auch zu einer verhältnismäßig großen Rekristallisationsfreudigkeit. So war der Profilabschnitt, dessen Gefüge in 20 mm Entfernung vom Anfang wir oben beschrieben haben, bereits 80 mm vom Anfang entfernt vollkommen rekristallisiert.

Die weiteren Untersuchungen bezogen sich dann auf den Einfluß eines Cr-Gehaltes auf die beschriebenen Vorgänge. Die Abbildung 54 zeigt das Gefüge eines Profils mit etwa 0,4 % Cr bei sonst gleicher Zusammensetzung und gleichen Preßbedingungen. Die Probe wurde jedoch nicht in einer Entfernung von 20 mm vom Preßanfang entnommen, sondern in einer solchen von 100 mm, also aus einer Zone, in der das Cr-freie Profil, wie oben erwähnt, bereits ein vollkommen spontan rekristallisiertes, homogenes Gefüge zeigte. Man sieht hier eine stärkere Ausbildung des "wolkenförmigen Ätzangriffs" und nur schwache Andeutungen einer Rekristallisation. Hierin zeigt sich bereits die bekannte rekristallisationshemmende Wirkung des Cr. Wie kommt diese nun zustande? Das Ergebnis unserer Untersuchungen an Cr-freien Legierungen besagt, daß der Rekristallisationsvorgang das Verschwinden des Netzwerks, d.h. die Einstellung des Gleichgewichtes bzw. die Beseitigung der Übersättigung voraussetzt. Der folgerichtige Schluß für die hier zu beantwortende Frage wäre mithin der, daß das Cr dieses Verschwinden unter sonst gleichen Verarbeitungsbedingungen verhindert oder zumindest abbremst.

Wir haben nun entsprechend den Ergebnissen der Gußuntersuchung auch beim gepreßten und nicht geglühten Zustand Cr-haltiger Profile das Netzwerk in den wolkig erscheinenden Zonen festzustellen versucht. Dieses war jedoch infolge der in den gleichen Zonen ebenfalls auftretenden starken heterogenen Ausscheidungen an Hand seiner charakteristischen Form nicht deutlich zu erkennen, so daß eine klare Identifizierung nicht möglich war. Sehr deutlich kommen jedoch die bei Cr-Zusatz vorliegenden Verhältnisse bei Proben zum Ausdruck, die 1 bzw. 24 Stunden bei $460°$ geglüht und anschließend in Wasser abgeschreckt wurden. Die Abbildung 55 zeigt das Gefüge einer einstündig bei $460°$ geglühten Probe. Man sieht ganz deutlich ausgeprägte, parallele Zeilen und einen primär ausgeschiedenen Al_7Cr-Kristall. Die Zeilen sind mit denen identisch, die wir bei transkristalliner Schichtkorrosion gefunden haben und stellen dementsprechend die Schnitte durch die Begrenzungsflächen von Bereichen unterschiedlicher Konzentration dar, die während des Preßvorganges in Längsrichtung gestreckt sind.

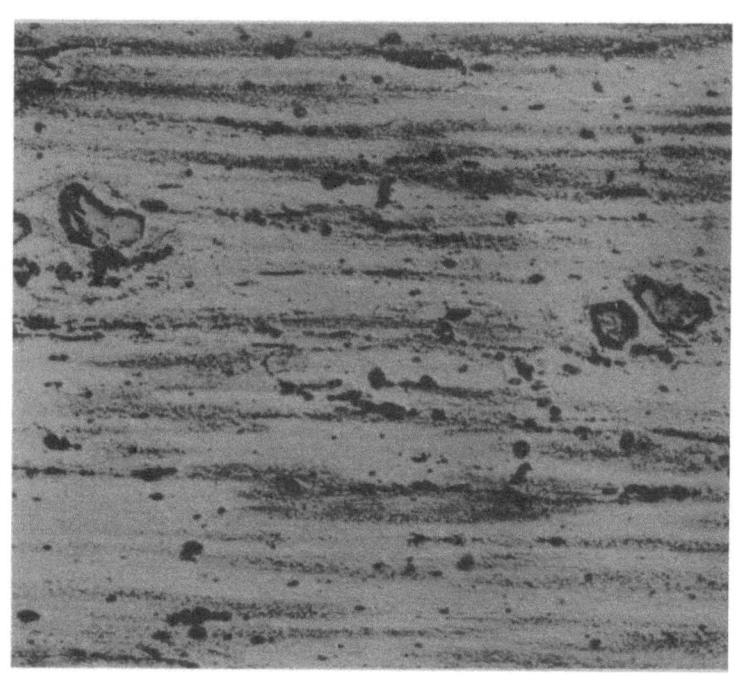

Abbildung 54

Profilanfang aus einer Cr-haltigen Al Zn Mg-Legierung.

Ätzung: HF + HNO$_3$; 160 x

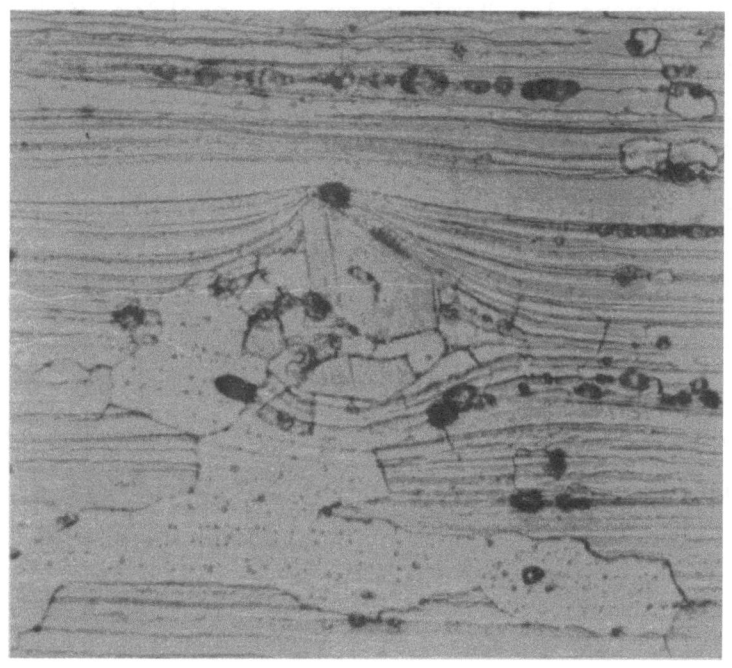

Abbildung 55

Wie Abbildung 54, jedoch 1 Stunde 460° und in Wasser abgeschreckt

Ätzung: HF + HNO$_3$; 410 x

Aus neueren bisher nicht veröffentlichten Versuchen geht eindeutig hervor, daß die Zeilen, die wir bei Cr-freien Legierungen nicht beobachten konnten, mit den bei wabenförmiger Kristallseigerung im Gußgefüge vorhandenen Konzentrationsunterschieden in Zusammenhang stehen. Die Anwärmzeit des Blockes und die Verformung selbst haben also nicht ausgereicht, um einen stärkeren Konzentrationsausgleich zu verursachen. Werden nun durch eine sich an die Verformung anschließende längere Glühung neue und stärkere Diffusionsvorgänge hervorgerufen, so entsteht ein typisches Netzwerk, wie es das nach 24-stündiger Glühung bei 460° vorliegende Gefüge in der Abbildung 56 zeigt, und wie wir es bereits bei Cr-freien Legierungen gefunden hatten. Die ursprünglichen Zeilen sind hierbei noch angedeutet, im Vordergrund steht aber das Netzwerk. Die bei 1900-facher Vergrößerung aufgenommene Abbildung zeigt außerdem, wie zonenweise in den Grenzen des Netzes punktförmige Ausscheidungen im Entstehen begriffen sind.

Aus den beschriebenen Ergebnissen kann man nun bei einem Vergleich des Verhaltens Cr-freier und Cr-haltiger Legierungen folgendes ableiten:

Bei der Cr-freien Legierung setzt bereits bei schwacher Verformung bei etwa 410 - 420° - vermutlich sogar noch darunter - eine sehr schnelle Rekristallisation während der Verformung ein, nachdem sich das beobachtete Netzwerk aufgelöst und das Gleichgewicht eingestellt hat. Nach etwas stärkerer Verformung bei sich allmählich steigernder Temperatur bzw. nach etwas verlängerten Diffusionszeiten, nämlich etwa 80 - 100 mm vom Profilanfang entfernt, ist das Gefüge vollkommen rekristallisiert und annähernd homogen. Die Cr-haltige Legierung zeigt unter gleichen Preßbedingungen noch keine Rekristallisation. Selbst nach 24-stündiger Glühung bei 460° ist das für den nichtrekristallisierten Zustand typische Netzwerk nur zu einem geringen Teil verschwunden, was in diesen Bereichen zu einer Teilrekristallisation geführt hat. Wir haben gesehen, daß der Cr-Zusatz eine erhebliche Verzögerung im Verschwinden des Netzwerks mit sich bringt. Die Gründe hierfür wollen wir im folgenden zu klären versuchen:

Nach den bereits erwähnten Untersuchungen von ERDMANN-JESSNITZER[21], die den Ausführungen von HANEMANN und SCHRADER[20] im Atlas Metallographicus über die Aluminiumecke des Systems Aluminium-Chrom-Magnesium zugrunde liegen, tritt hier eine nicht genauer bekannte Phase T (Al Cr Mg) mit hellgrauer Farbe auf. Die für diese Phase beschriebenen Umwandlungen bzw. Eigenarten entsprechen grundsätzlich den für die von uns angenommene Phase

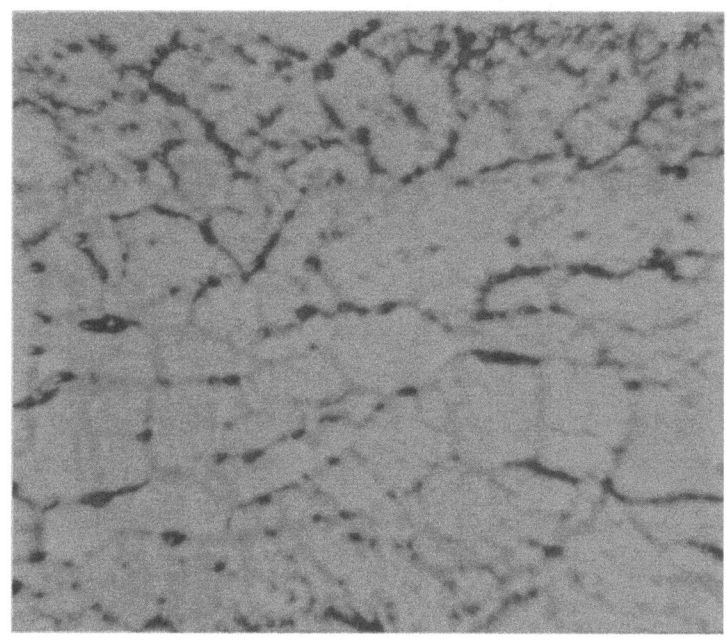

Abbildung 56
Wie Abbildung 54, jedoch 24 Stunden bei 460° und in
Wasser abgeschreckt. Ätzung: HF + HNO_3; 1900 x

T (Al Cr (Mg Zn_2)) gefundenen Verhältnissen, d.h. durch Glühung bei entsprechenden Temperaturen wird die durch schnelle Erstarrung des Gusses ganz oder teilweise unterdrückte peritektische Reaktion nachgeholt, was zur Folge hat, daß sich die aus Al_7 Cr bestehenden Primärkristalle auflösen und sich dabei in die genannte Phase T (Al Cr (Mg Zn_2)) umwandeln. Die gleiche Phase bildet sich entsprechend den Untersuchungen von ERDMANN-JESSNITZER auch in Form von Nadeln und Punkten innerhalb der Mischkristalle - vermutlich unter Mitwirkung des dort übersättigt gelösten Cr und des gelösten Mg Zn_2. Wir konnten diese Vorgänge an Hand von Profilproben, die 24 Stunden lang im Temperaturgebiet zwischen 430° und 580° geglüht wurden, verfolgen; allerdings sind die einzelnen Stufen dieser Vorgänge etwas verschwommen, weil infolge der verhältnismäßig starken Kristallseigerung und der Diffusionsbehinderung durch Cr in zeit- und temperaturabhängiger Hinsicht ebenso wie beim Gußgefüge Zonen verschiedenen Gefügebaues entstehen. Die Abbildung 57 a - g (siehe Seite 55 - 57) zeigt das Ergebnis unserer Gefügeuntersuchungen bei 410 bzw. 1900-facher Vergrösserung.

Der Preßzustand weist zonige Heterogenität auf, die vornehmlich durch sekundäre $MgZn_2$-Ausscheidungen verursacht ist. Eine teilweise Rekristallisation ist in einzelnen homogenen, sich besonders an primäre Al_7Cr-Kristalle anlehnende Zonen entsprechend der dort geringeren Menge an gelöstem Cr eingetreten. Der Al_7Cr-Kristall ist im unbehandelten Preßzustand noch unverändert geblieben. Bei 430° ist außer den während des Pressens erzeugten zeiligen Erscheinungen im wesentlichen Netzwerk zu erkennen, das während der Glühung entstanden ist; dies zeigt deutlich die stärkere Vergrößerung. Die primären Al_7Cr-Kristalle zeigen bereits einen Rahmen, der entsprechend den Untersuchungen von ERDMANN-JESSNITZER in unserem Falle aus $T(AlCr(MgZn_2))$ bestehen muß. Eine Erhöhung der Glühtemperatur auf 460° scheint bei 410-facher Vergrößerung noch keine grundsätzliche Änderung mit sich zu bringen; doch zeigt die starke Vergrößerung interessanterweise, wie unmittelbar in den nach unserer Ansicht an Mg und Zn angereicherten Grenzen des Netzwerks heterogene punktförmige Ausscheidungen entstehen. Es ist wahrscheinlich, daß eine Reaktion zwischen dem im Preßzustand zunächst sekundär ausgeschiedenen und dann während der Glühung an den gestörten Gitterbereichen entlang diffundierenden überschüssigen, sowie dem durch Unterdrückung der peritektischen Reaktion metastabil gelösten und bei diesen Temperaturen zur Ausscheidung strebenden Cr zur Bildung der quasiternären Phase $T(AlCr(MgZn_2))$ führt. Bei 490° hat sich der primäre Al_7Cr-Kristall fast vollständig in die T-Phase umgewandelt. Gleichzeitig ist das Netzwerk vollkommen verschwunden und lediglich noch zonenweise angeordnete punktförmige Ausscheidungen zu erkennen. Hier treten auch zum ersten Mal nadelförmige Gebilde auf, die sich vermutlich bei niedrigeren Temperaturen zunächst als Al_7Cr bilden und die sich entsprechend den Ergebnissen von ERDMANN-JESSNITZER bei fortschreitendem Konzentrationsausgleich und bei höheren Temperaturen in die Phase $T(AlCr(MgZn_2))$ umwandeln. Es gibt sowohl in Hinblick auf die äußere Form der beschriebenen Phasen als auch in Hinblick auf ihre Temperaturabhängigkeit eine ganze Reihe bekannter Parallelfälle. Außer in dem von ERDMANN-JESSNITZER untersuchten System Al Mg Cr finden sich beispielsweise ganz analoge Verhältnisse in den Systemen Al Cu Mn und nach unveröffentlichten Versuchen von K.E. MANN auch bei Al Mg Mn, also immer in solchen Fällen, in denen ein Legierungselement eine beschränkte Löslichkeit im festen Zustand aufweist und das zweite infolge Unterdrückung der

Vergrößerung: 41o x   Vergrößerung: 19oo x

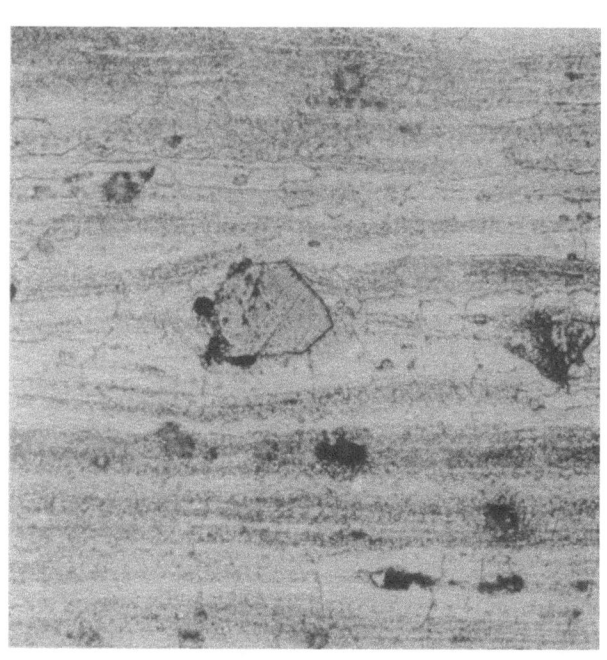

Preßzustand (langsam erkaltet)

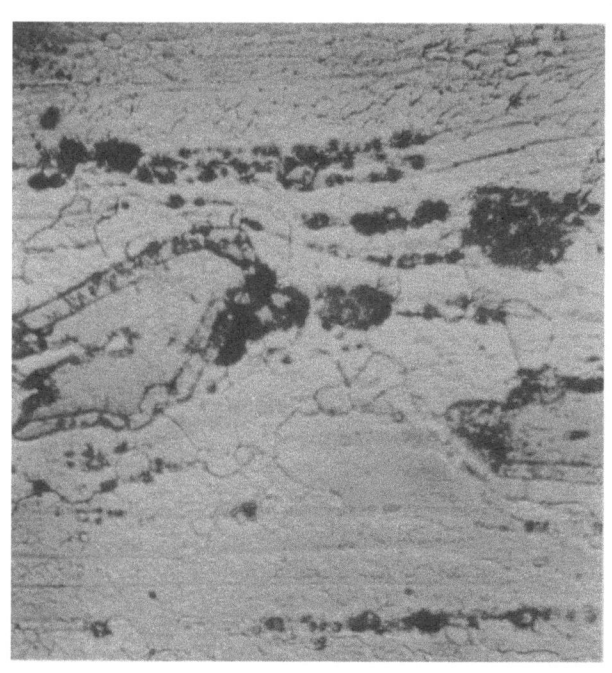 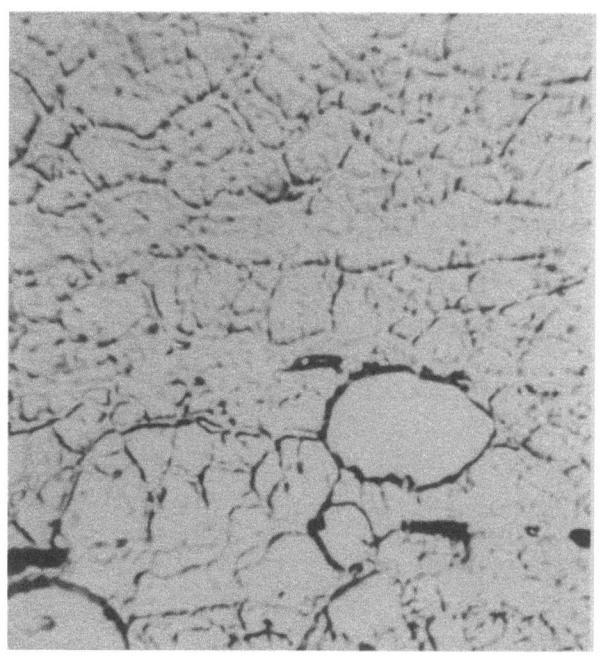

24 Stunden 430°

A b b i l d u n g 57

Gefüge von Preßprofilen aus einer Legierung mit 8,5 % Mg Zn_2
und o,4 % Cr nach Glühung bei verschiedenen Temperaturen und
Abschrecken in Wasser. Ätzung: HF + HNO_3

Vergrößerung: 41o x   Vergrößerung: 19oo x

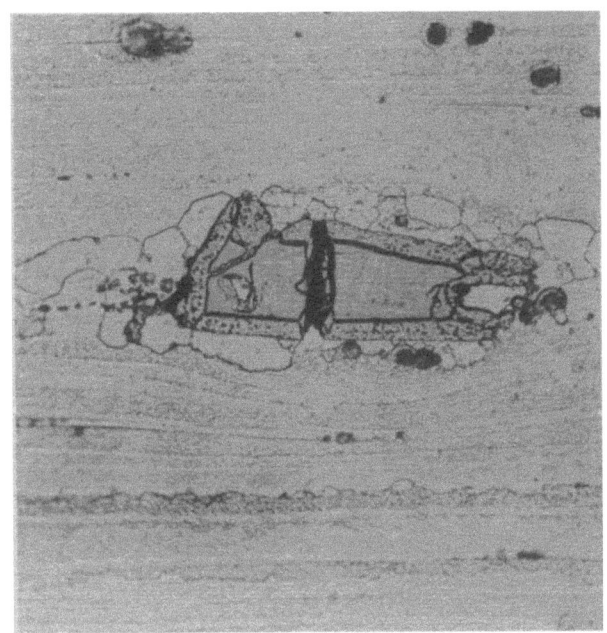
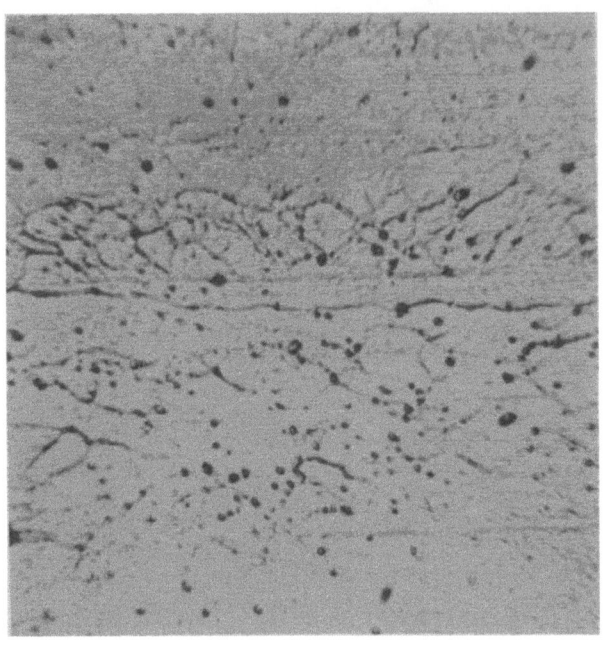

24 Stunden 46o°

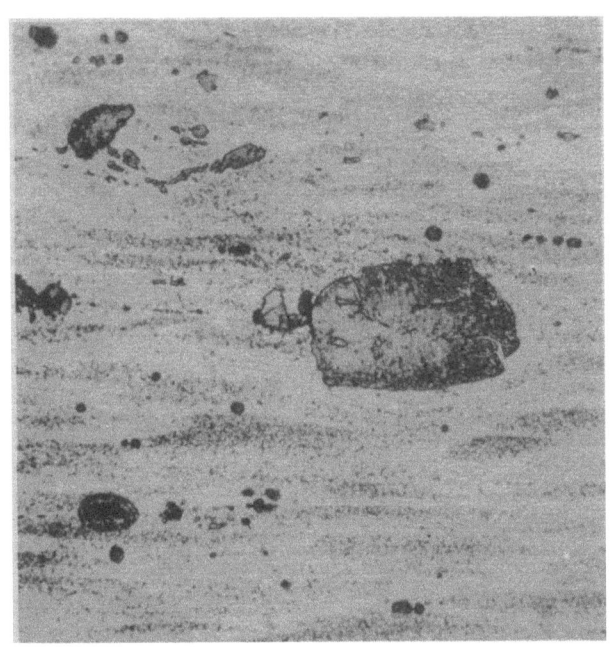
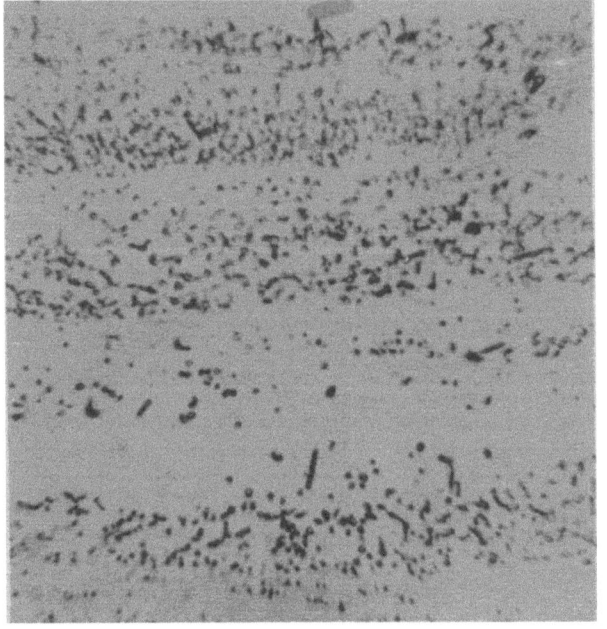

24 Stunden 49o°

A b b i l d u n g 57

(Fortsetzung)

Vergrößerung: 410 x   Vergrößerung 1900 x

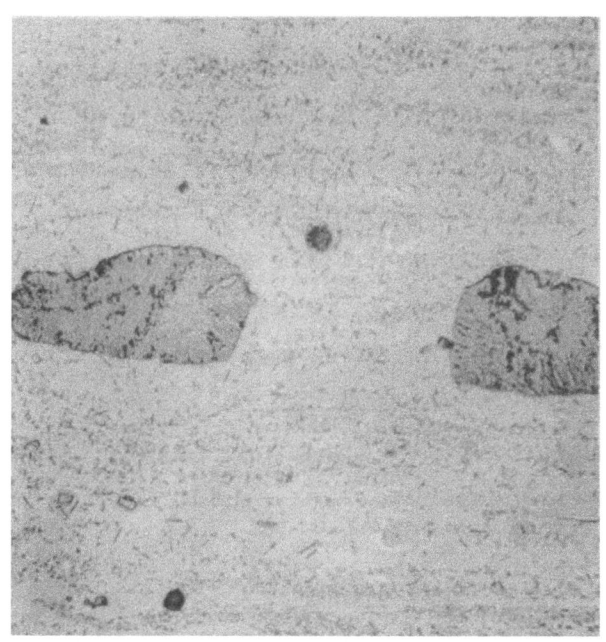 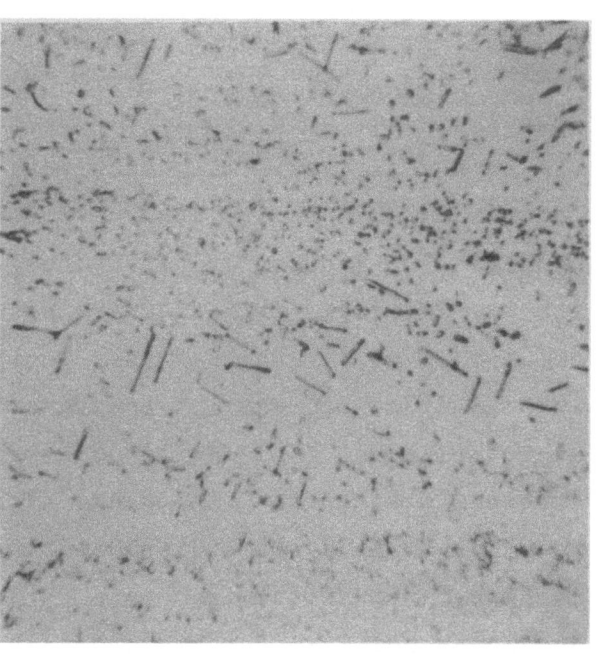

24 Stunden 550°

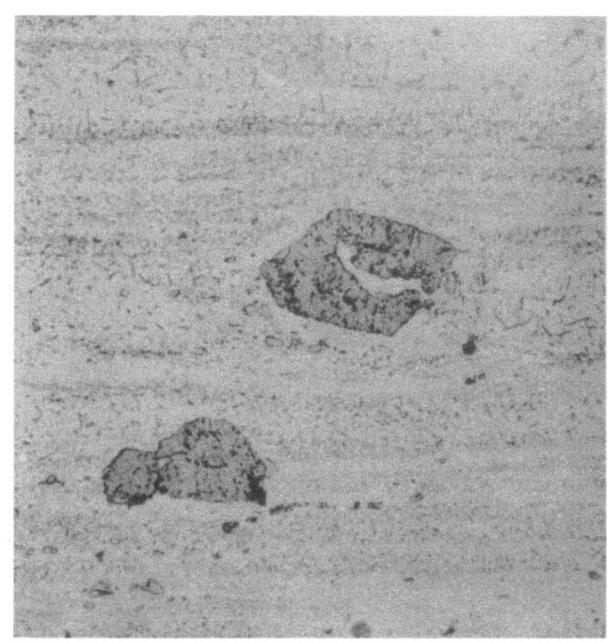 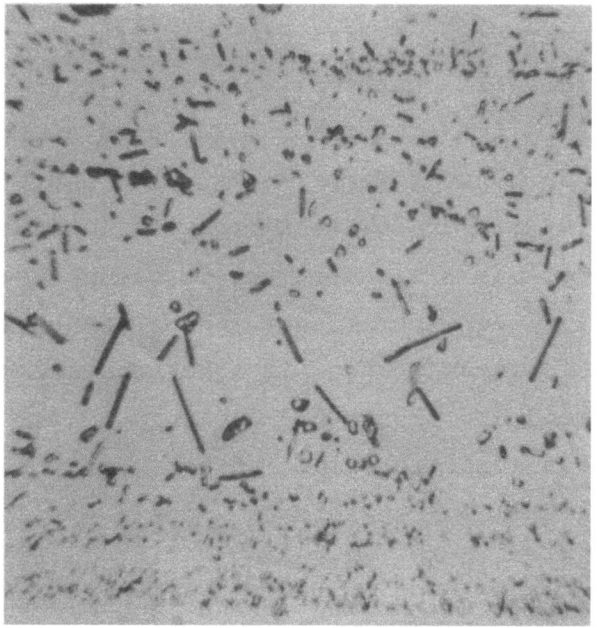

24 Stunden 580°

A b b i l d u n g 57

(Fortsetzung)

peritektischen Reaktion während der Erstarrung befähigt ist, im Grundmetall in metastabiler Lösung zu verbleiben.

Eine weitere Temperaturerhöhung auf 550 bzw. 580° hat die vollständige Umwandlung der primären Al_7Cr-Ausscheidungen in die T-Phase zur Folge. Die im Mischkristall ausgeschiedene Phase zeigt genau wie beim Guß im Kern Nadelform, in den ursprünglich an $Mg\ Zn_2$ angereicherten Randzonen hingegen Punktform. Bei der Deutung des Gußgefüges hatten wir angenommen, daß die unterschiedliche äußere Form der bei höheren Temperaturen, z.B. bei 530°, aus der Phase T $(Al\ Cr\ (Mg\ Zn_2))$ bestehenden Ausscheidungen auf ihre unterschiedliche Entstehungsart zurückgeführt werden muß. Letztere ergibt sich aus Konzentrationsunterschieden in den einzelnen Zonen, die ihrerseits wiederum infolge der diffusionshemmenden Wirkung das Cr zu ziemlich stabilen örtlichen Gleichgewichten führen. Beim Guß bildet sich demnach die punktförmige Phase T $(Al\ Cr\ (Mg\ Zn_2))$ in den angereicherten Randzonen bei Temperaturen oberhalb von etwa 450° aus der punktförmigen Phase $Mg\ Zn_2$. Beim Preßgefüge, bei dem, wie wir gesehen haben, nach Abschrecken in Wasser im nicht rekristallisierten Zustand keine punktförmigen $Mg\ Zn_2$-Ausscheidungen vorliegen sondern netzförmige $Mg\ Zn_2$-Anreicherungen, bildet sich die T-Phase entsprechend der Abbildung 57 ebenfalls in Punktform aus. Die Nadeln in der Kernzone entstehen wahrscheinlich bei tieferen Temperaturen zunächst als Al_7Cr; sie wandeln sich dann bei höheren Temperaturen ebenso wie die primären Al_7Cr-Kristalle in die T-Phase um. Die Legierung würde demnach bei niedrigeren Temperaturen um 450° im Dreiphasengebiet, bei höheren um 530° im Zweiphasengebiet liegen. Auf Grund der bisher beschriebenen an Preßprofilen durchgeführten Untersuchungen können wir annehmen, daß sich während des kurzzeitigen Anwärmens der Blöcke bei den angewandten Blocktemperaturen von 410 - 420° in den angereicherten Zonen zunächst nur wenig $Mg\ Zn_2$ ausscheidet und daß die im Guß angeätzten Grenzen zwischen den "Achsstreifen" und "Restfeldern" in der Verformungsrichtung als Zeilen erhalten bleiben. Während der Verformung entstehen dann außerdem die gestörten Gitterbereiche, in denen sich, solange noch eine Übersättigung vorliegt, während der langsamen Abkühlung oberhalb der Löslichkeitslinie die Legierungselemente Mg und Zn wahrscheinlich im stöchiometrischen Verhältnis der Verbindung $MgZn_2$ sammeln und in denen sich während der weiteren langsamen Abkühlung unterhalb der Löslichkeitslinie schließlich sekundäres $Mg\ Zn_2$ in Punktform ausscheidet. Diese Ausscheidungen gehen bei der folgenden Lösungs-

Forschungsberichte des Wirtschafts- und Verkehrsministeriums Nordrhein-Westfalen

glühung wieder in die Netzform über und bleiben, sofern Abschreckung in Wasser erfolgt, in dieser Form erhalten. Die Netzform, die charakteristisch für den nicht rekristallisierten übersättigten Zustand ist, ist bei Cr-haltigen im Gegensatz zu den Cr-freien Legierungen sehr stabil, da das Verschwinden der Übersättigung bzw. die Einstellung des Gleichgewichtes nur sehr langsam und in dem gleichen Maße ermöglicht wird, in dem sich das metastabil gelöste Cr ausscheidet. Da diese Ausscheidung bei den für die Al Zn Mg - Legierungen in Frage kommenden Temperaturen nur sehr langsam erfolgt, bleibt bei zweckentsprechenden Verarbeitungsbedingungen das elektrochemisch unedle Netzwerk im Endprodukt erhalten. Da mit der Erhaltung des Netzwerks auch gleichzeitig die Rekristallisation unterbunden wird, ist das Gefüge des Endproduktes so aufgebaut, daß sich innerhalb der verformten Kristallite unedle Netzwerkgrenzen und um die Kristalle herum die vom Guß her erhalten gebliebenen, an Cr angereicherten und daher elektrochemisch veredelten Korngrenzen befinden. Unter diesen Umständen kann eine interkristalline Spannungskorrosion, die bei Al-Legierungen allein in Frage kommt, nicht mehr auftreten.

4. Spannungskorrosions- und Gefügeuntersuchungen an Al Zn Mg-Legierungen verschiedener Zusammensetzung und verschiedener Behandlung

Nachdem sich, wie beschrieben, herausgestellt hatte, daß der elektrochemische Angriff auf die Korngrenzen und damit die Spannungskorrosion unterbunden werden kann, wenn es gelingt, die Einstellung des Gleichgewichtes zu verhindern und den Zustand der Übersättigung aufrecht zu erhalten, haben wir diese Erkenntnisse durch Spannungskorrosionsversuche mit Biegeproben und durch die dazugehörigen Gefügeuntersuchungen zu unterbauen versucht. Wir gingen hierbei von der Überlegung aus, daß ein Cr-Zusatz in der Richtung des oben gekennzeichneten, anzustrebenden Zieles wirksam ist, daß er aber in Übereinstimmung mit den Ergebnissen der von uns durchgeführten Biegeprobenversuche die Spannungskorrosion nicht beseitigt, sondern sie nur behindert.

Unsere Untersuchungen hatten gezeigt, daß die Erhaltung des übersättigten, nicht rekristallisierten Zustandes trotz sehr hoher Cr-Zusätze, die über das betriebsmäßig mögliche Maß hinausgingen, nicht völlig gelingt, sondern daß unter normalen Fertigungsbedingungen im Gefüge immer übersättigte mit nicht übersättigten und daher netzwerkarmen bzw. -freien Bereichen abwechseln. Diese Bereiche befinden sich infolge der dort beim Pressen

Forschungsberichte des Wirtschafts- und Verkehrsministeriums Nordrhein-Westfalen
___

auftretenden sehr hohen Temperaturen vornehmlich in der Oberflächenschicht der Profile, aber auch in ihrem Innern und zwar in den Zonen, die auf Grund der Erstarrungsvorgänge an Legierungsbestandteilen verarmt sind. Der Verlauf der Spannungskorrosionsrisse folgt dementsprechend auch den Korngrenzen solcher netzwerkfreien Bereiche. Wo er dies nicht tut, handelt es sich nicht um Spannungskorrosionsrisse, sondern um Risse, die infolge mechanischer Überbeanspruchung nach vorhergehender Querschnittsverminderung durch Spannungskorrosion entstanden sind.

Es war auf Grund dieser Beobachtungen zu vermuten, daß es mit Hilfe von Diffusionsglühungen und einen durch sie zu erzielenden Konzentrationsausgleich im $MgZn_2$ - Gehalt möglich sein müßte, die an Legierungsbestandteilen verarmten, rekristallisationsfreudigeren Zonen im Gefüge des Endfabrikates zum Verschwinden zu bringen und auf diese Weise eine wesentliche Verbesserung im Spannungskorrosionsverhalten zu erreichen.

Die hierzu dienenden Versuche wurden mit einer großen Anzahl von Al Zn Mg-Legierungen mit verschiedenen Zusätzen durchgeführt; sie enthielten zum Teil ca. 8,5 und zum Teil ca. 11 % $MgZn_2$. Die genaue chemische Zusammensetzung der Gußblöcke von 87 mm Durchmesser enthält die Tabelle 3.

Diese Blöcke wurden entsprechend den in der Tabelle 4 (s. Seite 82) gemachten Angaben behandelt und bei einer Blocktemperatur von etwa 420° zu kleinen T-Profilen verpreßt, wie sie in der Abbildung 2 (s. Seite 9) dargestellt sind. Die Wärmebehandlung bestand in einer Salzbadglühung mit anschließendem Abschrecken in Wasser unter Bedingungen, wie sie ebenfalls die Tabelle 4 enthält. Um die Proben in einen gegenüber normalen Herstellungsbedingungen besonders spannungskorrosionsempfindlichen Zustand zu bringen, wurden sie 100 Stunden lang in kochendem Wasser angelassen und dann teils um 13° und teils um 7° gebogen. Die Lebensdauer von jeweils 4 oder 5 Proben wurde in Bewitterung geprüft. Das Ergebnis dieser Versuche enthält die Tabelle 5 (s. Seite 83). Daraus geht folgendes hervor:

a) Ein Vergleich der Legierungen Nr. 1, 2 und 3 läßt, worauf bereits des öfteren hingewiesen wurde, nochmals den diametralen Gegensatz zwischen den zusatzfreien Al Zn Mg- und Al Cu Mg-Legierungen erkennen, der auf die gegensätzlichen Verhältnisse hinsichtlich der Potentialunterschiede zwischen Korngrenze und Mischkristall zurückzuführen ist. Es geht aus dem Vergleich hervor, daß die Al Zn Mg-Legierungen mit ihren unedlen Korn-

Forschungsberichte des Wirtschafts- und Verkehrsministeriums Nordrhein-Westfalen

Tabelle 3

Chemische Zusammensetzung der untersuchten Legierungen

Leg. Nr.	Zn %	Mg %	Cu %	Ag %	Cr %	Mn %	Fe %	Si %	Al %
1	4,58	3,60	0,02	-	-	-	0,29	0,11	Rest
2	-	0,39	3,85	-	-	-	0,32	0,12	"
3	-	1,81	3,89	-	-	-	0,28	0,13	"
4	4,82	3,46	1,39	-	-	-	0,28	0,14	"
5	4,53	3,54	0,18	-	0,41	-	0,23	0,19	"
6	4,20	3,60	0,97	-	0,20	-	0,28	0,14	"
7	4,44	3,63	1,52	-	0,40	-	0,29	0,12	"
8	4,29	3,73	0,24	-	-	1,05	0,20	0,20	"
9	4,09	3,61	0,10	-	-	1,12	0,28	0,07	"
10	4,19	3,78	1,49	-	-	0,52	0,24	0,12	"
11	4,10	3,55	1,03	-	0,22	0,46	0,22	0,15	"
12	4,20	3,72	0,04	0,65	0,40	-	0,27	0,16	"
13	9,38	2,07	0,16	-	0,32	-	0,24	0,10	"
14	9,30	1,93	0,02	0,20	0,31	-	0,24	0,10	"
15	9,14	2,00	0,04	0,35	0,30	-	0,27	0,10	"
16	9,20	1,99	0,02	0,74	0,27	-	0,22	0,12	"

grenzen grundsätzlich spannungskorrosionsanfällig sind, die Al Cu Mg-Legierungen mit ihren edlen Korngrenzen hingegen nicht.

b) Zusätze von Cu, Ag, Mn und Cr für sich allein gewährleisten noch keine Sicherheit gegen Spannungskorrosion bei Al Zn Mg-Legierungen, wie man es zumindest beim Cr bisher annehmen zu können glaubte.

Von den genannten Elementen wirkt es allerdings am besten. Die Kombinationen Cr-Cu und Cr-Mn-Cu sind unter der Voraussetzung, daß die Zusätze genügend hoch bemessen sind, günstig, sie werden aber von der Kombination Ag-Cr noch erheblich übertroffen.

c) Alle in den Tabellen genannten Al Zn Mg-Legierungen, mit Ausnahme der zusatzfreien und derjenigen, die nur Cu als Zusatz enthält, werden selbst unter ungünstigsten Vorbedingungen durch eine Glühung der Gußblöcke bei

Tabelle 4

Fertigungsbedingungen und Festigkeitseigenschaften der untersuchten Profile

Leg.		Glüh-behandlung des Gusses	Blocktemp. beim Pressen	Lösungs-glühung Salzbad	Warmaus-härtung in koch. Wasser	Festigkeitseigenschaften			
						$\sigma_{0.2}$ kg/mm²	σ_B kg/mm²	δ %	Härte kg/mm²
1	a	-	ca. 420°	15 Min. 450°	1oo Std.	-	-	-	15o
	b	6 Tg. 46o°	"	"	"	-	-	-	15o
2	a	-	"	15 Min. 5oo°	"	-	-	-	-
	b	3 Tg. 45o°	"	"	"	-	-	-	-
3	a	-	"	15 Min. 49o°	"	-	-	-	-
	b	3 Tg. 45o°	"	"	"	-	-	-	-
4	a	-	"	15 Min. 45o°	"	-	-	-	164
	b	6 Tg. 46o°	"	"	"	-	-	-	159
5	a	-	"	15 Min. 45o°	"	-	-	-	15o
	b	6 Tg. 46o°	"	"	"	-	-	-	159
6	a	-	"	15 Min. 46o°	"	-	-	-	-
	b	3 Tg. 45o°	"	"	"	-	-	-	-
	c	3 Tg. 51o°	"	"	"	-	-	-	-
7	a	-	"	15 Min. 45o°	"	-	-	-	159
	b	6 Tg. 46o°	"	"	"	-	-	-	159
8	a	-	"	15 Min. 45o°	"	-	-	-	15o
	b	6 Tg. 46o°	"	"	"	-	-	-	15o
9	a	-	"	15 Min. 46o°	"	-	-	-	-
	b	3 Tg. 45o°	"	"	"	-	-	-	-
	c	3 Tg. 51o°	"	"	"	-	-	-	-
1o	a	-	"	"	"	-	-	-	-
	b	3 Tg. 45o°	"	"	"	-	-	-	-
	c	3 Tg. 51o°	"	"	"	-	-	-	-
11	a	-	"	"	"	-	-	-	-
	b	3 Tg. 45o°	"	"	"	-	-	-	-
	c	3 Tg. 51o°	"	"	"	-	-	-	-

Forschungsberichte des Wirtschafts- und Verkehrsministeriums Nordrhein-Westfalen

Tabelle 4 (Fortsetzung)

Leg.		Glüh-behandlung des Gusses	Blocktemp. beim Pressen	Lösungs-glühung Salzbad	Warmaus-härtung in koch. Wasser	Festigkeitseigenschaften			
						$\sigma_{0.2}$ kg/mm^2	σ_B kg/mm^2	δ %	Härte kg/mm^2
12	a	-	ca. 420°	15 Min. 450°	100 Std.	-	-	-	155
	b	6 Tg. 460°	"	"	"	-	-	-	159
13	a	-	"	15 Min. 460°	"	60,2	65,3	5	185
	b	3 Tg. 460°	"	"	"	62,5	66,6	5	185
14	a	-	"	"	"				
	b	3 Tg. 460°	"	"	"				
15	a	-	"	"	"	61,7	65,8	5	185
	b	3 Tg. 460°	"	"	"	62,2	66,1	5	185
16	a	-	"	"	"				
	b	3 Tg. 460°	"	"	"				

Tabelle 5

Leg. Nr.		Lebensdauer in Tagen					Mittel der 5 Proben
		1	2	3	4	5	
1 *	a	<1	<1	<1	<1	<1	<1
	b	<1	<1	<1	<1	<1	<1
2 *	a	>100	>100	>100	>100	>100	>100
	b	>100	>100	>100	>100	>100	>100
3 *	a	>100	>100	>100	>100	>100	>100
	b	>100	>100	>100	>100	>100	>100
4 *	a	<1	<1	<1	<1	<1	<1
	b	2	3	3	4	5	3,5
5 *	a	4	8	14	27	53	21
	b	>100	>100	>100	>100	>100	>100
6 *	a	4	5	11	43	-	16
	b	>100	>100	>100	>100	-	>100
	c	57	75	82	100	-	80

T a b e l l e 5 (Fortsetzung)

Leg. Nr.		Lebensdauer in Tagen					Mittel der 5 Proben
		1	2	3	4	5	
7 *	a	31	63	>100	>100	-	73
	b	>100	>100	>100	>100	-	>100
8 *	a	1	2	2	2	2	2
	b	>100	>100	>100	>100	>100	>100
9 *	a	5	3	5	5	-	4,5
	b	>100	>100	>100	-	-	>100
	c	5	6	4	5	-	5
10 *	a	16	16	8	16	-	14
	b	>100	>100	>100	>100	-	>100
	c	4	7	4	4	-	5
11 *	a	>100	>100	>100	>100	-	>100
	b	>100	>100	>100	>100	-	>100
	c	4	9	57	75	-	36
12 *	a	>100	>100	>100	>100	>100	>100
	b	>100	>100	>100	>100	>100	>100
13 **	a	6	82	>100	>100	-	72
	b	>100	>100	>100	>100	-	>100
14 **	a	13	19	>100	>100	-	58
	b	>100	>100	>100	>100	-	>100
15 **	a	>100	>100	>100	>100	-	>100
	b	>100	>100	>100	>100	-	>100
16 **	a	>100	>100	>100	>100	-	>100
	b	>100	>100	>100	>100	-	>100

* Proben um 13° gebogen

** Proben um 7° gebogen

ca. 460° vor der Verformung spannungskorrosionsunempfindlich gemacht. Als ungünstige Vorbedingungen haben die zum Teil sehr hohen Festigkeitseigenschaften an sich, die kräftige Warmaushärtung und die scharfe Prüfmethode bei plastischer Deformation nach der Warmaushärtung zu gelten. Die Wirksamkeit der in der Tabelle 4 angegebenen Glühbehandlung des Gusses wird auch durch sehr unterschiedliche Lösungsglühtemperaturen im Salzbad zwischen 420 und 510°, wie wir durch entsprechende Versuche feststellten, nicht in dem einen oder anderen Sinne beeinflußt, so daß hieraus auf eine große Betriebssicherheit des Verfahrens geschlossen werden kann.

Wenn man die hier - besonders für die hochfesten Werkstoffe - wiedergegebenen Resultate mit denen vergleicht, die wir auf Grund der von uns als absolut zuverlässig erkannten Prüfmethode mit Profilen handelsüblicher Qualität aus den Legierungen Hy 43 und auch 75 S erhielten, so kann man praktisch von einer Beseitigung der Spannungskorrosion sprechen. Es ist damit eine wirkliche Angleichung an die Al Cu Mg - Legierungen erreicht worden, die man bisher auf Grund nicht zweckentsprechender Prüfmethoden nur annehmen zu können glaubte.

Abschließend soll hier das Ergebnis einer Reihe von Untersuchungen wiedergegeben werden, die sich auf die bei den einzelnen Verarbeitungsstufen der Profile aus den hochfesten Legierungen Nr. 13 und 14 ergebenden Gefügeänderungen bezog. Wir beschränken uns zunächst auf das Gefüge der nur Cr-haltigen Legierung Nr. 13, das in der Abbildung 58 (s. Seite 86 - 87) wiedergegeben ist. Schon im unbehandelten Gußzustand finden wir bei diesem sehr hoch legierten Werkstoff sekundäre heterogene Ausscheidungen von $Mg\,Zn_2$ im Mischkristall; durch die dreitägige Glühung bei 460° sind diese zwar in ihrer ursprünglichen Anordnung nicht mehr erkennbar, aber an ihre Stelle ist eine gleichmäßige Heterogenität des Mischkristalls getreten, von der nur eine schmale, die Korngrenze einschließende Randzone ausgenommen ist. Dieses Bild enspricht dem früher bei Legierungen mit nur 8,5 % $Mg\,Zn_2$ gefundenen insofern, als dort die gleiche punktförmige Heterogenität ausschließlich in der stärker übersättigten Randzone auftrat, während ein gleicher oder ähnlich hoher Übersättigungsgrad bei 11 % $Mg\,Zn_2$ den ganzen Querschnitt des Mischkristalls erfaßt. Es ist wahrscheinlich, was mikroskopisch natürlich nicht mit Sicherheit festgestellt werden konnte, daß die heterogenen Ausscheidungen aus dem während der langsamen Erkaltung des Gußblockes sekundär ausgeschiedenen $Mg\,Zn_2$ bestehen. Die Warmverformung bei einer Blocktemperatur von ca. 420° bringt scheinbar nur bei dem aus unbehandeltem Guß gepreßten Profil eine

Guß unbehandelt   Guß 3 Tage 470° geglüht

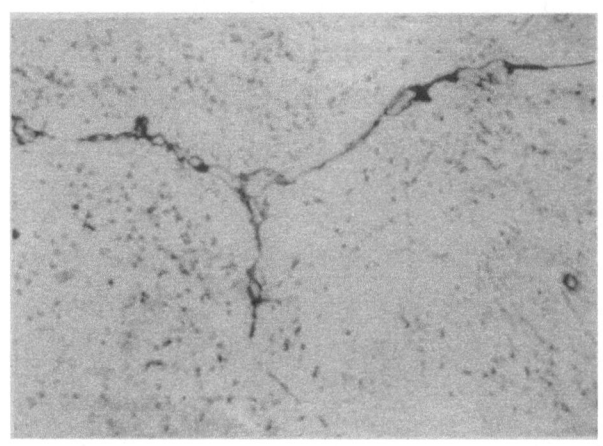 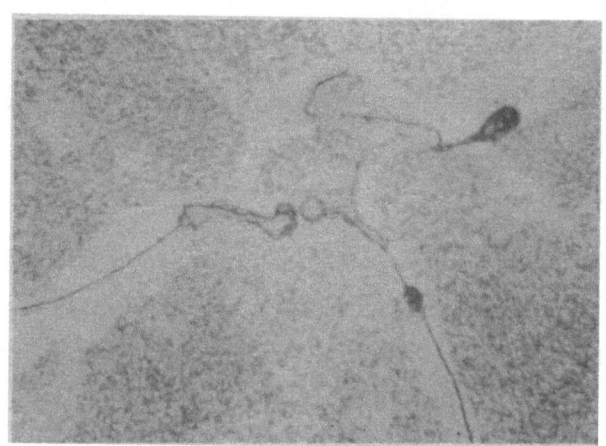

Gußgefüge

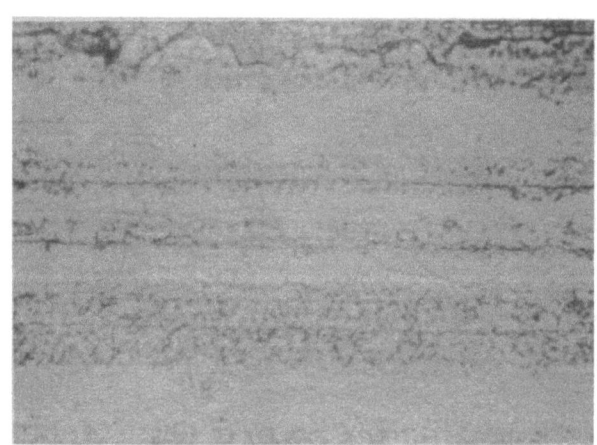 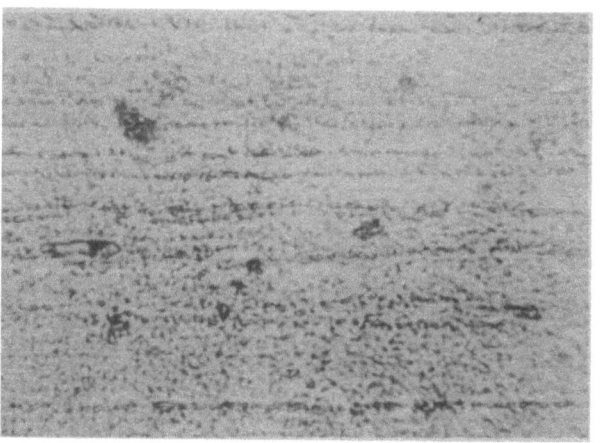

Preßzustand nach langsamer Erkaltung

A b b i l d u n g 58

Gefügeänderungen bei den einzelnen Verarbeitungsstufen für ein
Preßprofil aus einer Al Zn Mg-Legierung mit ca. 11 % $Mg Zn_2$ + 0,3 % Cr.
(Legierung 11) Ätzung: HF + HNO_3; Vergrößerung: 1000 x

Guß behandelt   Guß 3 Tage 470° geglüht

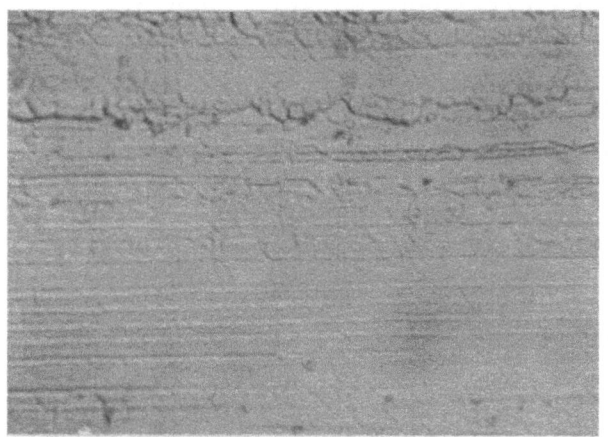
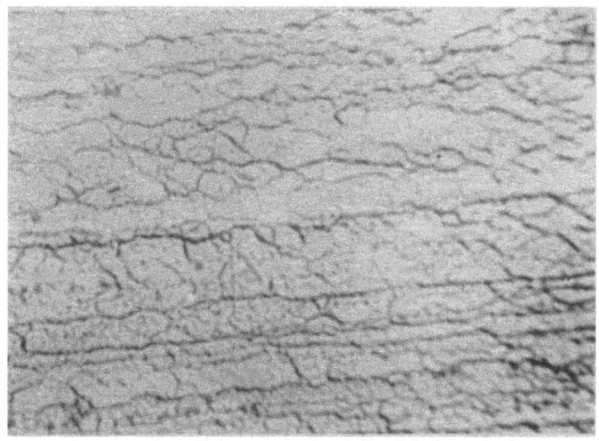

Gefüge nach Lösungsglühung: 15 Min. 420°; abgeschreckt

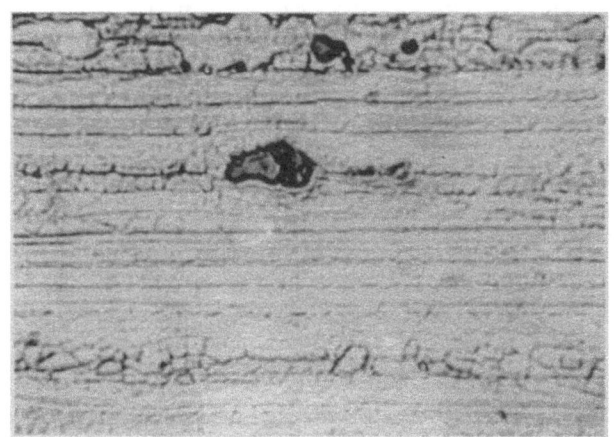
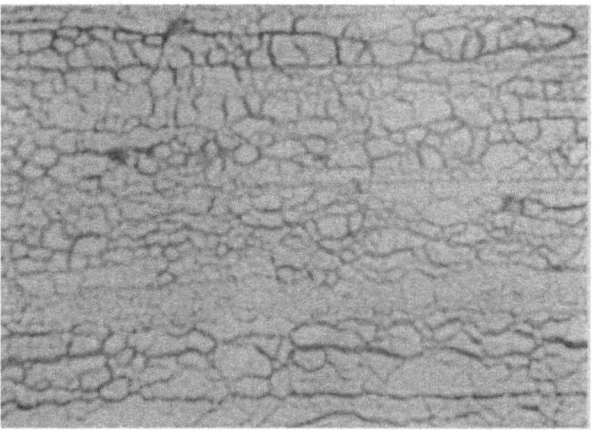

Gefüge nach Lösungsglühung: 15 Min. 460°; abgeschreckt

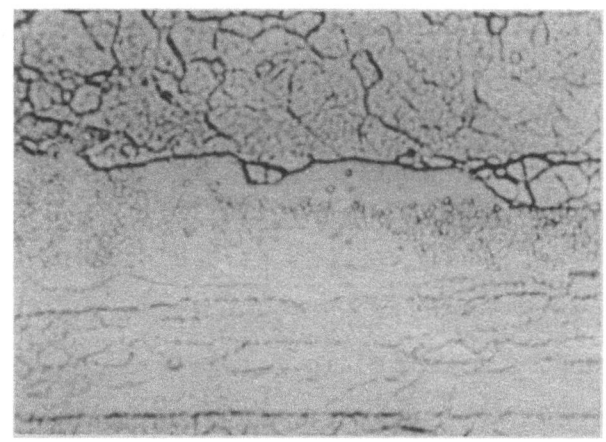

Gefüge nach Lösungsglühung: 15 Min. 510°; abgeschreckt

Abbildung 58
(Fortsetzung)

Verstärkung der Ausscheidung mit sich und läßt außerdem in Zeilenform angeordnete Inhomogenitäten sowie Netzwerke erkennen. Entsprechend dem nach dreitägiger Glühung des Gusses festgestellten Gefüge zeigt auch das aus solchem Guß entstandene Preßgefüge eine sehr gleichmäßige Heterogenität und im Untergrund Zeilen. Eine 15 Minuten währende Salzbadglühung bei Temperaturen zwischen 420 und 510° läßt im Falle der aus nicht behandeltem Guß gepreßten Profile ein sehr zeiliges Gefüge mit geringem stellenweise auftretendem Netzwerk und auch einigen besonders in der Oberflächenzone bereits rekristallisierten Bereichen entstehen, während die Profile aus geglühtem Guß keinerlei Rekristallisation, kaum noch Zeilen, sondern nur Netzwerk zeigen, wobei zu berücksichtigen ist, daß wie weiter oben bereits gezeigt, die Zeilen Schnitte durch die Begrenzungsflächen der Waben des Gußgefüges darstellen, wohingegen die auch im Längsschliff als Netzwerk erscheinenden Gebilde durch Auflösung von $Mg Zn_2$ innerhalb der gestörten Gitterbereiche während der Lösungsglühung entstehen. Dieses über den Gesamtquerschnitt des Profils gleichmäßige, ausgesprochene Netzwerk-Gefüge ist also dasjenige, welches in Hinblick auf die beabsichtigte Beseitigung der Spannungskorrosion angestrebt werden muß, wie unsere Versuchsergebnisse mit Biegeproben eindeutig gezeigt haben.

Wie aus der Tabelle 5 hervorgeht, sind auch Ag-Zusätze hinsichtlich der Verbesserung des Spannungskorrosionsverhaltens der Al Zn Mg-Legierungen außerordentlich wirksam. In der Abbildung 59 sind die Gefügebilder des unbehandelten und des 3 Tage bei 460° geglühten Gusses (Legierung Nr. 16), sowie diejenigen der aus diesen Gußblöcken bei 420° Blocktemperatur gepreßten und anschließend 15 Minuten bei 460° im Salzbad geglühten und abgeschreckten Profile zusammengestellt. Der Unterschied zwischen den hier und bei Ag-freien Profilen festgestellten Gefügearten besteht darin, daß der Ag-haltige Guß und auch die Ag-haltigen Profile noch heterogener erscheinen. Das Netzwerk tritt jedoch zugunsten punktförmiger Ausscheidungen in den Hintergrund. Wesentliche Gefügeänderungen werden bei dieser Legierung auch durch die Salzbadglühung bei 460° mit anschließendem Abschrecken in Wasser nicht verursacht. Wir führen den gegenüber Ag-freien Legierungen gefundenen Gefügeunterschied darauf zurück, daß die Löslichkeitsgrenze durch Ag in ähnlicher Weise, wie es H. VOSSKÜHLER [22] für Cu fand, heraufgesetzt wird.

---

22. H. VOSSKÜHLER, "Z.f.Metallkunde", 1944, Bd. 36, S. 196

Guß unbehandelt Guß 3 Tage 460° geglüht

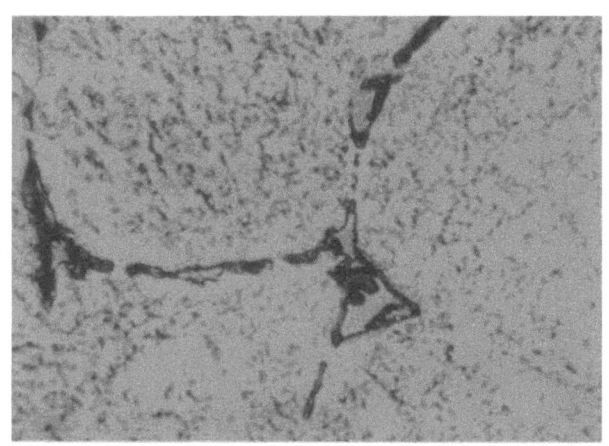 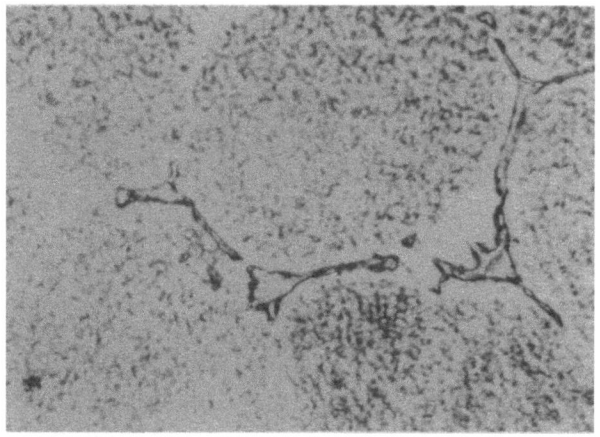

Gußgefüge

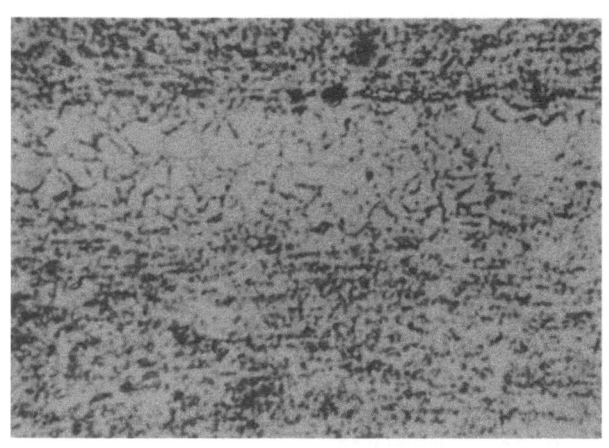 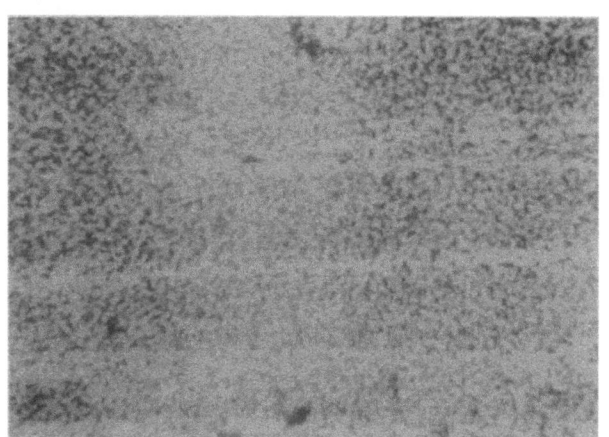

Preßzustand nach langsamer Erkaltung

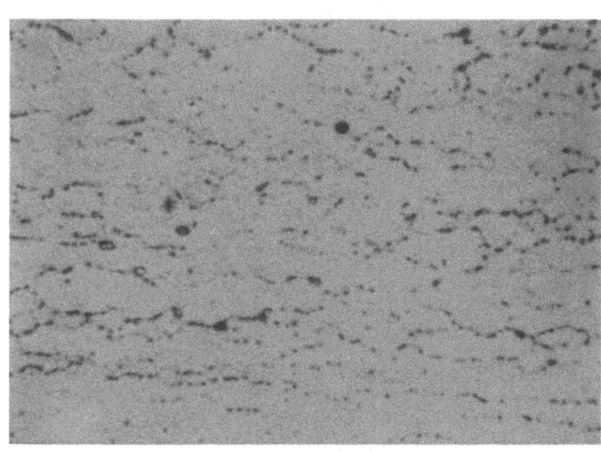 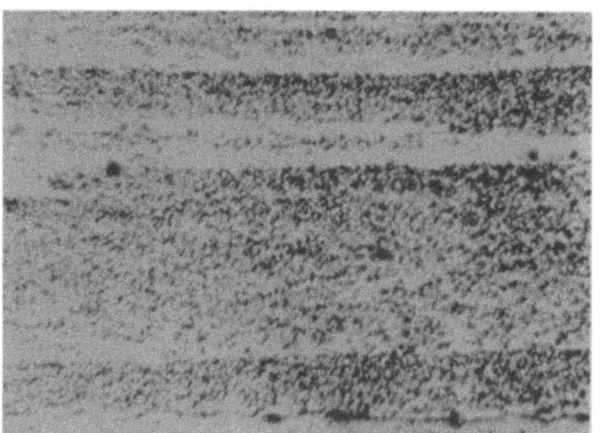

Gefüge nach Lösungsglühung: 15 Min. 460°; abgeschreckt

A b b i l d u n g 59

Gefügeänderungen bei den einzelnen Verarbeitungsstufen für ein Preßprofil aus einer Al Zn Mg-Legierung mit ca. 11 % Mg Zn$_2$ + 0,3 % Cr + 0,7 % Ag (Legierung 16) Ätzung: HF + HNO$_3$; Vergrößerung: 1000 x

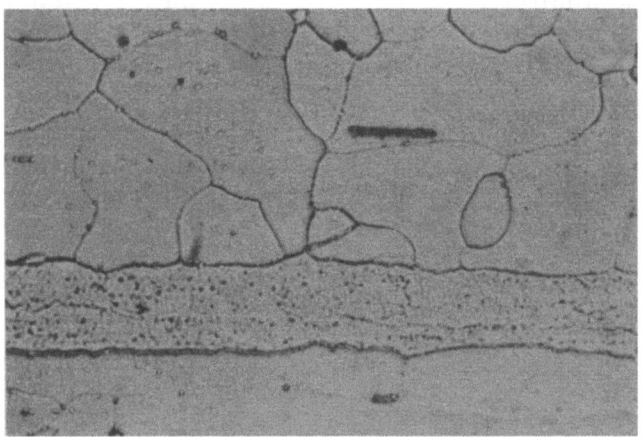

Zustand a) Guß unbehandelt

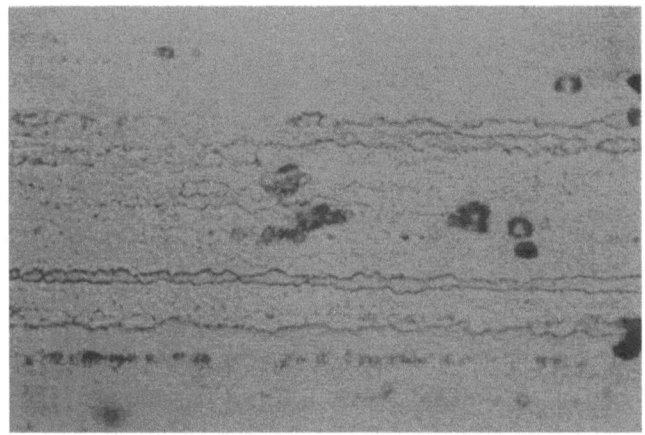

Zustand c) Guß 3 Tage 450° geglüht

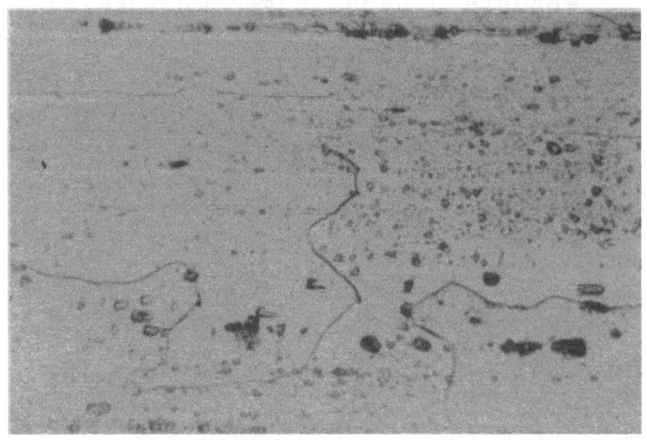

Zustand d) Guß 3 Tage 510° geglüht

Abbildung 60

Gefüge von lösungsgeglühten und warmausgehärteten Preßprofilen aus einer Al Zn Mg-Legierung mit ca. 8,5 % $MgZn_2$ und mit Cu-Cr-Zusatz nach unterschiedlicher Vorbehandlung des Gusses (Legierung 7). Ätzung: HNO_3 + Mischlösung nach DIX und KELLER. Vergrößerung: 410 x

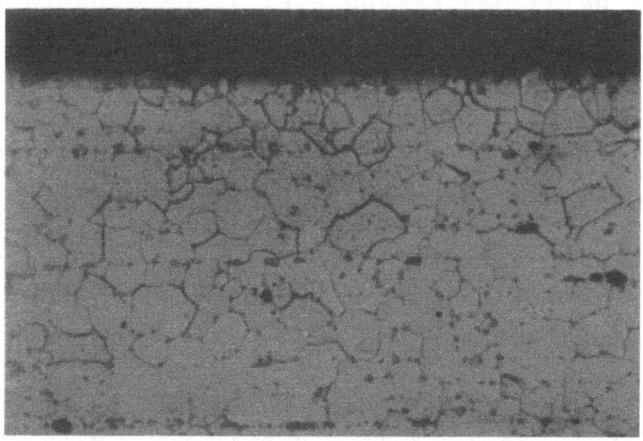

Wie Abbildung 6o a, jedoch Randgefüge

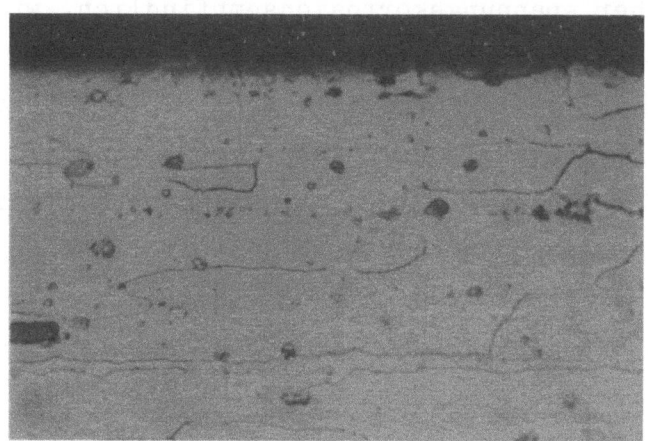

Wie Abbildung 6o c, jedoch Randgefüge

Abbildung 6o
(Fortsetzung)

Auch ein derartiges Gefüge verhindert das Auftreten von Spannungskorrosionsrissen außerordentlich wirksam.

Die Versuchsergebnisse der Tabellen 3, 4 und 5 zeigen nun ferner, daß es im Sinne einer Beseitigung der Spannungskorrosion darauf ankommt, die Vorbehandlung des Gusses bei einer optimalen Glühtemperatur vorzunehmen und daß es bei Überschreitung dieser Temperatur ebenso wie bei Nichtbehandlung des Gusses wieder zu Spannungskorrosionsbrüchen kommt. Ferner kann man den Ergebnissen entnehmen, daß auch der alleinige Zusatz von Mn, dessen spannungskorrosionsverbessernde Wirkung bisher nur als verhältnismäßig gering angesehen wurde, bei Anwendung optimaler Vorbehandlungstemperaturen für den Guß die Herstellung spannungskorrosionsfreier Werkstücke gestattet. Wir haben beide Gesichtspunkte, Vorhandensein einer optimalen Vorbehandlungstemperatur und die Wirkung des Mn, durch Gefügeuntersuchungen an Proben der Legierungen Nr. 6 und Nr. 9 im Endzustand - also lösungsgeglüht und 100 Stunden bei 100° angelassen - untersucht. Das Ergebnis dieser Untersuchung ist für die Legierung Nr. 6 in der Abbildung 60 (siehe Seite 90-91) und für Nr. 9 in der Abbildung 61 enthalten. Die Schliffe wurden in diesen Fällen mit $HF + HNO_3$ und nachträglich mit der Mischlösung nach DIX und KELLER geätzt.

Die Aufnahmen in den Abbildungen 60 a - c zeigen das Gefüge im Kern der Profile aus verschieden vorbehandelten Gußblöcken. Man sieht, daß das Gefüge des Profils aus unbehandeltem Guß deutlich erkennbare Korngrenzen aufweist; es ist daher spannungskorrosionsempfindlich, wie aus der Tabelle 5 hervorgeht. Das Profil aus dem vor der Verformung 3 Tage bei 450° geglühten Guß ist nicht rekristallisiert und zeigt, wenn auch bei der hier gewählten, verhältnismäßig geringen Vergrößerung nicht so deutlich, wie bei stärkeren Vergrößerungen, das die Spannungskorrosion verhindernde netzförmige Gefüge. Spannungskorrosionsbrüche traten dementsprechend bei diesen Profilen nicht auf. Eine Glühung des Gusses bei 510° hat, wie oben beschrieben, die Ausscheidung der Cr-haltigen Phase zur Folge. Hierdurch wird die die Einstellung des Gleichgewichtes behindernde Wirkung des ursprünglich metastabil gelösten Cr aufgehoben, so daß damit der Werkstoff wieder rekristallisationsfreudiger und spannungskorrosionsempfindlicher wird. Die Rekristallisation ist bei diesen Profilen, wie die Abbildung 60c zeigt, nicht so stark, wie bei dem Gefüge der Abbildung 60 a; infolgedessen halten die Biegeproben entsprechend der Tabelle 5 auch wesentlich länger als diejenigen aus unbehandeltem Guß. Das Oberflächengefüge der Profile aus unbehandeltem und bei 450° geglühtem Guß zeigen die Abbildungen 60 d und e (s. Seite 91). In den Außenzonen der Profile treten bekanntlich infolge der im Rezipienten stattfindenden Fließvorgänge sehr starke Verformungen auf, die die Rekristallisation entweder schon während des Pressens oder auch während der nachfolgenden Lösungsglühung fördern. Die Abbildung 60 d zeigt daher den Zustand vollständiger Rekristallisation, der sehr spannungskorrosionsempfindlich ist. In der Abbildung 60 e, die das Randgefüge des Profils aus dem bei 450° vorbehandelten Guß zeigt, deuten die langgestreckten Kristallite auf eine nicht vollständige Rekristallesation hin; diese Kristallite zeigen bei Anwendung der VILELLA-Ätzung Zeilen und Netzwerk, die den Spannungskorrosionsangriff verhindern.

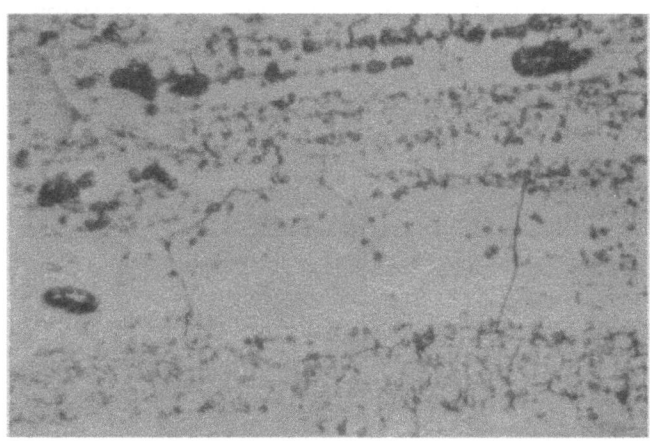

Zustand a) Guß unbehandelt

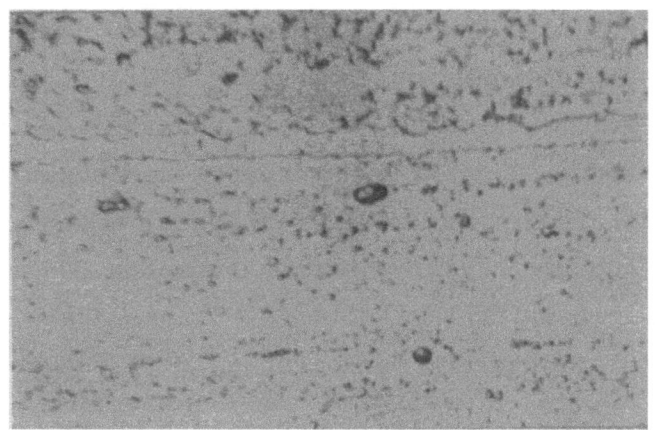

Zustand c) Guß 3 Tage 450° geglüht

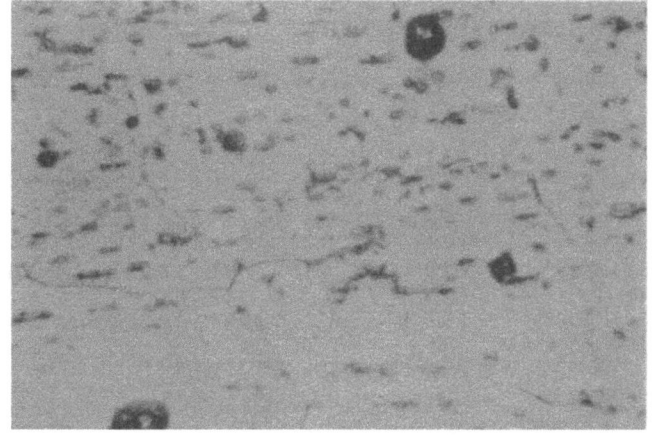

Zustand d) Guß 3 Tage 510° geglüht

A b b i l d u n g 61

Gefüge von lösungsgeglühten und warmausgehärteten Preßprofilen aus einer
Al Zn Mg-Legierung mit ca. 8,5 % Mg Zn_2 und mit Mn-Zusatz nach
unterschiedlicher Vorbehandlung des Gusses (Legierung 8).
Ätzung: HNO_3 + Mischlösung nach DIX und KELLER. Vergrößerung 1000 x

Forschungsberichte des Wirtschafts- und Verkehrsministeriums Nordrhein-Westfalen

Die Abbildungen 61 a - c (s. Seite 93), die die entsprechenden Gefügearten für die Mn-haltige Legierung Nr.9 zeigen, spiegeln ganz ähnliche Verhältnisse wieder, wie sie für die Abbildung 60 beschrieben wurden. Wir brauchen daher in diesem Falle auf Einzelheiten nicht mehr einzugehen.

5. Versuch einer Deutung unserer Ergebnisse über den Einfluß des Cr auf die Spannungskorrosion

Unsere Untersuchungen über den Einfluß des Cr auf das Spannungskorrosionsverhalten der Al Zn Mg-Legierungen wurden durch die Beobachtung transkristalliner Schichtkorrosion in schwach saurem Angriffsmedium an solchen Werkstoffen angeregt, die etwa 7 % $Mg Zn_2$ und 0,15 % Cr enthielten. Der Korrosionsangriff ging an in Längsrichtung zeilen-, in Querrichtung netzförmig erscheinenden Inhomogenitäten innerhalb der durch die Verformung auf der Strangpresse langgestreckten Mischkristallen entlang, während die Korngrenzen unangegriffen blieben. Hieraus konnten wir folgern, daß die durch die KELLER-Ätzung sichtbar zu machenden Inhomogenitäten, die den vom Guß herrührenden Grenzen zwischen den Achsstreifen und den Restfeldern entsprechen, ein geringeres elektrochemisches Potential besitzen müssen als die übrigen Gefügebestandteile, insbesondere die Korngrenzen, die ohne Cr-Zusatz dem Spannungskorrosionsangriff ausgesetzt sind.

Das typische Netzwerk konnten wir nun sowohl in Cr-freien als auch in Cr-haltigen Legierungen feststellen und nachweisen, daß es unter normalen Verformungsbedingungen bei Cr-freien Legierungen sehr schnell und schon während des Presvorganges verschwindet, wohingegen es bei Cr-haltigen Legierungen im Endfabrikat, also nach der Verformung und nach der Lösungsglühung erhalten bleibt. Diese Feststellung bedarf insofern einer Einschränkung, als es unter normalen Herstellungsbedingungen in den an Legierungsbestandteilen verarmten Bereichen auch trotz des Cr-Zusatzes zu einem Verschwinden des Netzwerkes kommt, was zur Aufhebung des Spannungskorrosionsschutzes durch Cr führt. Wir haben gesehen, daß durch eine dreitägige Glühung des Gusses bei 450° trotz der diffusionsbehindernden Wirkung des Cr ein gewisser Konzentrationsausgleich in Bezug auf die Legierungselemente Mg und Zn erreicht wird, was seinen Ausdruck in der über den ganzen Querschnitt der Profile gleichmäßigen Verteilung des Netzwerkes findet.

Wir glauben nun, daß die durch Cr eintretende Stabilisierung des Netzwerks und damit auch die spannungskorrosionsverbessernde, sowie die rekristallisationsbehindernde Wirkung in der folgenden Weise zustandekommt:

Bei betriebsüblichen Erstarrungsgeschwindigkeiten wird die an sich zur Ausscheidung von Al_7Cr führende peritektische Reaktion unterdrückt, so daß ein Überschuß an Cr metastabil gelöst bleibt. In diesem Zustand setzt es die Löslichkeit für $Mg\ Zn_2$ im Al herab und behindert auf diese Weise die Diffusion und den von ihr abhängigen Konzentrationsausgleich. Diese Wirkung tritt bereits während der Erstarrung des Gusses ein und hat die Entstehung der wabenförmigen Kristallseigerung zur Folge, deren Erscheinung HANEMANN und SCHRADER mit der Kristallisation von " Achsstreifen" und "Restfeldern" erklärt haben. Die weiter oben genauer beschriebene Ausscheidung von Al_7Cr, bzw. die bei Temperaturen über etwa $450°$ vor sich gehende Umwandlung von Al_7Cr und von $Mg\ Zn_2$ in die quasiternäre Phase T ($Al\ Cr\ (Mg\ Zn_2)$) verläuft bei den in Frage kommenden Verarbeitungstemperaturen der Al Zn Mg-Legierungen sehr träge. Unter den gleichen Glühbedingungen jedoch, unter denen in den "Achsstreifen" die ersten Nadeln erscheinen, d.h. unter denen das metastabil gelöste Cr ausgeschieden wird, verschwindet die wabenförmige Kristallseigerung, ein Zeichen dafür, daß nunmehr wenigstens ein gewisser Konzentrationsausgleich der Elemente Mg und Zn möglich ist. Der Grad dieses Konzentrationsausgleiches, ebenso wie der Grad der bei diesen Temperaturen vorliegenden Übersättigung an Mg und Zn wird durch das Ausmaß der bei den einzelnen Verarbeitungsstufen jeweils ausgeschiedenen Cr-Menge bestimmt. Da diese Ausscheidung, wie gesagt, sehr träge verläuft, ist der an $Mg\ Zn_2$ übersättigte Zwischenzustand infolge der auf die beschriebene Weise zustande kommenden Pufferwirkung des metastabil gelösten Cr sehr stabil.

Die äußere Form des Netzwerkgefüges entsteht in der folgenden Weise: Ebenso wie bei der Kaltverformung entstehen bei nicht allzu hohen Warmverformungstemperaturen Gleitebenen, d.h. Ebenen mit gestörtem Gitteraufbau; in derartigen Ebenen gehen Ausscheidungsvorgänge irgendwelcher Art bekanntlich bevorzugt vonstatten. Die an derartigen Ausscheidungen beteiligten Elemente müssen sich dementsprechend vorher aber auch in den gleichen Ebenen sammeln. Es ist sehr einleuchtend, daß sich auch die im Überschuß vorhandenen Elemente Mg und Zn im stöchiometrischen Verhältnis der Verbindung $Mg\ Zn_2$ in den gestörten Gitterbereichen sammeln. Wenn dann im Gegensatz zu den Verhältnissen bei Cr-freien Legierungen durch die Pufferwirkung des metastabil gelösten Cr die Einstellung des Gleichgewichtes weitgehend verhindert wird, bleiben sie als elektrochemisch unedle Bereiche solange bestehen, bis sich in den Netzwerkgrenzen auf Grund einer Reaktion zwischen dem dort vorhandenen überschüssigen $Mg Zn_2$ und dem zur Ausscheidung strebenden Cr die quasiternäre Phase T $(Al\ Cr\ (Mg\ Zn_2))$ gebildet hat. Dieses zeigt sehr eindeutig die Abbildung 57 (s. Seite 76-77). Gleichzeitig mit dem Verschwinden des Netzwerkes und der Bildung der T-Phase, also gleichzeitig mit Einstellung des Gleichgewichtes verschwinden vermutlich auch die Störungen im Gitter, d.h. es tritt die Rekristallisation ein, womit zumindest sehr weitgehend der Spannungskorrosionsschutz durch Cr aufhört.

Zusammenfassung

Aus einer Reihe bisher veröffentlichter Arbeiten über das Spannungskorrosionsverhalten von Al Cu Mg- und Al Zn Mg-Legierungen geht hervor, daß der letztgenannte Legierungstyp bei Zugabe gewisser Elemente, besonders von Cr, V und Cu, dem Typ Al Cu Mg gleichwertig ist. Ohne Zweifel treten durch Zugabe der genannten Elemente auch tatsächlich erhebliche Verbesserungen bei Al Zn Mg-Legierungen ein, doch deuten langjährige Erfahrungen des Verfassers mit beiden Legierungsarten darauf hin, daß ihre bisher angenommene Gleichwertigkeit unter normalen Herstellungsbedingungen der Werkstücke nicht besteht. Während bei Al Zn Mg-Legierungen mit Cr- und nur geringen Cu-Zusätzen im Betrieb häufiger Spannungskorrosionsrisse - besonders an plastisch bewußt oder unbewußt deformierten Stellen - beobachtet wurden, war dies bei Teilen aus Al Cu Mg-Legierungen nicht der Fall.

Unsere Untersuchungen über den Widerspruch zwischen Theorie und Praxis führten zu dem Ergebnis, daß die Ursache für diesen Widerspruch in der bei Preßprofilen und Preßteilen sehr viel angewandten Prüfmethode mittels Gabelproben in NaCl- oder ähnlichen Lösungen zu suchen ist. Für die bei dieser Prüfmethode eintretende Unklarheit der Versuchsergebnisse sind drei Gesichtspunkte maßgebend:

1. Das Korrosionsmedium ändert laufend seinen pH-Wert; während es zu Beginn der Prüfung oder der Prüfperiode im sauren Gebiet liegt, bewegt es sich während der Versuchsdauer - je nach dem Verhältnis der Lösungsmenge zu der Gesamtoberfläche der eingehängten Proben - mehr oder weniger schnell nach dem Neutralpunkt hin und überschreitet ihn schließlich.

Forschungsberichte des Wirtschafts- und Verkehrsministeriums Nordrhein-Westfalen

Spannungskorrosionsrisse treten aber auf Grund fremder und eigener Versuchsergebnisse in praktisch zu berücksichtigendem Umfange nur in sauren Korrosionsmedien ein, zu denen auch das für uns fast ausschließlich in Frage kommende Korrosionsmedium, nämlich die Atmosphäre, gehört.

2. Bei den beiden verglichenen Werkstoffen, Al Cu Mg und Al Zn Mg, liegen hinsichtlich der Potentialdifferenz zwischen Mischkristall und Korngrenze, die für das Spannungskorrosionsverhalten maßgebend ist, Gegensätze vor. Während die Korngrenze bei Al Cu Mg edler als der Mischkristall ist, ist bei Al Zn Mg der Mischkristall edler als die Korngrenze. Da sich immer der unedle Bestandteil elektrochemisch auflöst, neigen also die Al Zn Mg-Legierungen grundsätzlich zur Spannungskorrosion, die Al Cu Mg-Legierungen hingegen nicht, was mit unseren Erfahrungen in Einklang steht. Der elektrochemisch bedingte Gegensatz zwischen den beiden Legierungstypen muß bei der Bekämpfung der Spannungskorrosion dazu führen, den durch legierungs- oder fertigungstechnische Maßnahmen zu beeinflussenden Potentialunterschied bei Al Cu Mg-Legierungen möglichst groß, bei Al Zn Mg-Legierungen hingegen möglichst klein zu gestalten. Das bedeutet, daß beispielsweise bei Al Cu Mg-Legierungen das rekristallisierte, bei Al Zn Mg-Legierungen aber das nicht rekristallisierte Gefüge spannungskorrosionsunempfindlich ist. Die Entnahme der erwähnten Gabelproben erfolgte normal in der Weise, daß die beanspruchte Zone der Gabel nicht den gleichen Gefügeaufbau zeigte, wie die meistens dem Korrosionsangriff ausgesetzte Außenhaut der Werkstücke. Diese Außenhaut neigt aber bekanntlich sowohl im Falle der Al Cu Mg- als auch im Falle der Al Zn Mg-Legierungen zur Rekristallisation. Hieraus ergibt sich, das Halbzeuge aus Al Cu Mg-Legierungen in der auf Korrosion beanspruchten Außenhaut das günstigste, solche aus Al Zn Mg-Legierungen aber gerade umgekehrt das ungünstigste Gefüge aufweisen, während die Verhältnisse bei der beanspruchten Zone der Gabel umgekehrt liegen. Mit Hilfe der Gabelprüfung erhält man also für Al Zn Mg zu günstige, für Al Cu Mg zu ungünstige Ergebnisse.

3. Es ist in Anbetracht unserer Untersuchungsergebnisse sehr zweifelhaft, daß alle Gabelbrüche auf Spannungskorrosion zurückzuführen waren, da diese auch, wie wir zeigen konnten, eine Folge des langsamer verlaufenden Angriffs entlang den Netzwerkgrenzen sein können.

Auf Grund der beschriebenen Unstimmigkeiten wurden unsere Versuche mit "Biegeproben" in Bewitterung und zum Teil in n/100 HCl durchgeführt, eine

Prüfmethode, mit deren Hilfe die beschriebenen Widersprüche ausgeschaltet werden konnten.

Im zweiten Teil unserer Arbeit haben wir die Wirkungweise verschiedener Legierungselemente, insbesondere die des Cr, des Mn, des Cu und des Ag untersucht. Die Ergebnisse führten zu einer weitgehenden Aufklärung einer Reihe bisher ungeklärter Fragen. So konnten wir die Art der rekristallisationshemmenden Wirkung des Cr, sowie die spannungskorrosionsverbessernde Wirkung dieses Elementes und auch die des Cu und besonders des Ag nachweisen. Das wesentlichste Ergebnis der Arbeit besteht darin, daß wir Verarbeitungsmethoden fanden, die auch unter Zugrundelegung schärfster Bedingungen praktisch eine Beseitigung der Spannungskorrosionsempfindlichkeit bei den Al Zn Mg-Legierungen gewährleisten und sie in dieser Hinsicht nunmehr den Al Cu Mg-Legierungen gleichwertig erscheinen lassen, ein Umstand, der bisher auf Grund von Ergebnissen mit nicht zweckentsprechenden Prüfmethoden nur angenommen wurde.

Abschließend dankt der Verfasser Fräulein ROMAHN und Herrn Ing. PÖTTKEN für die Mitarbeit bei den in diesem Bericht zusammengefaßten Untersuchungen.

Dipl.-Ing. Wilhelm ROSENKRANZ, Meinerzhagen

FORSCHUNGSBERICHTE
DES WIRTSCHAFTS- UND VERKEHRSMINISTERIUMS
NORDRHEIN-WESTFALEN

Herausgegeben von Staatssekretär Prof. Leo Brandt

Heft 1:
Prof. Dr.-Ing. E. Flegler, Aachen
Untersuchungen oxydischer Ferromagnet-Werkstoffe

Heft 2:
Prof. Dr. W. Fuchs, Aachen
Untersuchungen über absatzfreie Teeröle

Heft 3:
Techn.-Wissenschaftl. Büro für die Bastfaserindustrie, Bielefeld
Untersuchungsarbeiten zur Verbesserung des Leinenwebstuhls

Heft 4:
Prof. Dr. E. A. Müller und Dipl.-Ing. H. Spitzer, Dortmund
Untersuchungen über die Hitzebelastung in Hüttebetrieben

Heft 5:
Dipl.-Ing. W. Fister, Aachen
Prüfstand der Turbinenuntersuchungen

Heft 6:
Prof. Dr. W. Fuchs, Aachen
Untersuchungen über die Zusammensetzung und Verwendbarkeit von Schwelteerfraktionen

Heft 7:
Prof. Dr. W. Fuchs, Aachen
Untersuchungen über emsländisches Petrolatum

Heft 8:
M. E. Meffert und H. Stratmann, Essen
Algen-Großkulturen im Sommer 1951

Heft 9:
Techn.-Wissenschaftl. Büro für die Bastfaserindustrie, Bielefeld
Untersuchungen über die zweckmäßige Wicklungsart von Leinengarnkreuzspulen unter Berücksichtigung der Anwendung hoher Geschwindigkeiten des Garnes
Vorversuche für Zetteln und Schären von Leinengarnen auf Hochleistungsmaschinen

Heft 10:
Prof. Dr. W. Vogel, Köln
„Das Streifenpaar" als neues System zur mechanischen Vergrößerung kleiner Verschiebungen und seine technischen Anwendungsmöglichkeiten

Heft 11:
Laboratorium für Werkzeugmaschinen und Betriebslehre, Technische Hochschule Aachen
1. Untersuchungen über Metallbearbeitung im Fräsvorgang mit Hartmetallwerkzeugen und negativem Spanwinkel
2. Weiterentwicklung des Schleifverfahrens für die Herstellung von Präzisionswerkstücken unter Vermeidung hoher Temperaturen
3. Untersuchung von Oberflächenveredlungsverfahren zur Steigerung der Belastbarkeit hochbeanspruchter Bauteile

Heft 12:
Elektrowärme-Institut, Langenberg (Rhld.)
Induktive Erwärmung mit Netzfrequenz

Heft 13:
Techn.-Wissenschaftl. Büro für die Bastfaserindustrie, Bielefeld
Das Naßspinnen von Bastfasergarnen mit chemischen Zusätzen zum Spinnbad

Heft 14:
Forschungsstelle für Acetylen, Dortmund
Untersuchungen über Aceton als Lösungsmittel für Acetylen

Heft 15:
Wäschereiforschung Krefeld
Trocknen von Wäschestoffen

Heft 16:
Max-Planck-Institut für Kohlenforschung, Mülheim a. d. Ruhr
Arbeiten des MPI für Kohlenforschung

Heft 17:
Ingenieurbüro Herbert Stein, M. Gladbach
Untersuchung der Verzugsvorgänge in den Streckwerken verschiedener Spinnereimaschinen. 1. Bericht: Vergleichende Prüfung mit verschiedenen Dickenmeßgeräten

Heft 18:
Wäschereiforschung Krefeld
Grundlagen zur Erfassung der chemischen Schädigung beim Waschen

Heft 19:
Techn.-Wissenschaftl. Büro für die Bastfaserindustrie, Bielefeld
Die Auswirkung des Schlichtens von Leinengarnketten auf den Verarbeitungswirkungsgrad, sowie die Festigkeit und Dehnungsverhältnisse der Garne und Gewebe

Heft 20:
Techn.-Wissenschaftl. Büro für die Bastfaserindustrie, Bielefeld
Trocknung von Leinengarnen I
Vorgang und Einwirkung auf die Garnqualität

Heft 21:
Techn.-Wissenschaftl. Büro für die Bastfaserindustrie, Bielefeld
Trocknung von Leinengarnen II
Spulenanordnung und Luftführung beim Trocknen von Kreuzspulen

Heft 22:
Techn.-Wissenschaftl. Büro für die Bastfaserindustrie, Bielefeld
Die Reparaturanfälligkeit von Webstühlen

Heft 23:
Institut für Starkstromtechnik, Aachen
Rechnerische und experimentelle Untersuchungen zur Kenntnis der Metadyne als Umformer von konstanter Spannung auf konstanten Strom

Heft 24:
Institut für Starkstromtechnik, Aachen
Vergleich verschiedener Generator-Metadyne-Schaltungen in bezug auf statisches Verhalten

Heft 25:
Gesellschaft für Kohlentechnik mbH., Dortmund-Eving
Struktur der Steinkohlen und Steinkohlen-Kokse

Heft 26:
Techn.-Wissenschaftl. Büro für die Bastfaserindustrie, Bielefeld
Vergleichende Untersuchungen zweier neuzeitlicher Ungleichmäßigkeitsprüfer für Bänder und Garne hinsichtlich ihrer Eignung für die Bastfaserspinnerei

Heft 27:
Prof. Dr. E. Schratz, Münster
Untersuchungen zur Rentabilität des Arzneipflanzenanbaues Römische Kamille, Anthemis nobilis L.

Heft 28:
Prof. Dr. E. Schratz, Münster
Calendula officinalis L. Studien zur Ernährung, Blütenfüllung und Rentabilität der Drogengewinnung

Heft 29:
Techn.-Wissenschaftl. Büro für die Bastfaserindustrie, Bielefeld
Die Ausnützung der Leinengarne in Geweben

Heft 30:
Gesellschaft für Kohlentechnik mbH., Dortmung-Eving
Kombinierte Entaschung und Verschwelung von Steinkohle; Aufarbeitung von Steinkohlenschlämmen zu verkokbarer oder verschwelbarer Kohle

Heft 31:
Dipl.-Ing. Störmann, Essen
Messung des Leistungsbedarfs von Doppelsteg-Kettenförderern

Heft 32:
Techn.-Wissenschaftl. Büro für die Bastfaserindustrie, Bielefeld
Der Einfluß der Natriumchloridbleiche auf Qualität und Verwebbarkeit von Leinengarnen und die Eigenschaften der Leinengewebe unter besonderer Berücksichtigung des Einsatzes von Schützen- und Spulenwechselautomaten in der Leinenweberei

Heft 33:
Kohlenstoffbiologische Forschungsstation e. V.
Eine Methode zur Bestimmung von Schwefeldioxyd und Schwefelwasserstoff in Rauchgasen und in der Atmosphäre

Heft 34:
Textilforschungsanstalt Krefeld
Quellungs- und Entquellungsvorgänge bei Faserstoffen

Heft 35:
Professor Dr. W. Kast, Krefeld
Feinstrukturuntersuchungen an künstlichen Zellulosefasern verschiedener Herstellungsverfahren

Heft 36:
Forschungsinstitut der feuerfesten Industrie, Bonn
Untersuchungen über die Trocknung von Rohton
Untersuchungen über die chemische Reinigung von Silika- und Schamotte-Rohstoffen mit chlorhaltigen Gasen

Heft 37:
Forschungsinstitut der feuerfesten Industrie, Bonn
Untersuchungen über den Einfluß der Probenvorbereitung auf die Kaltdruckfestigkeit feuerfester Steine

Heft 38:
Forschungsstelle für Acetylen, Dortmund
Untersuchungen über die Trocknung von Acetylen zur Herstellung von Dissousgas

Heft 39:
Forschungsgesellschaft Blechverarbeitung e. V., Düsseldorf
Untersuchungen an prägegemusterten und vorgelochten Blechen

Heft 40:
Landesgeologe Dr.-Ing. W. Wolff, Amt für Bodenforschung, Krefeld
Untersuchungen über die Anwendbarkeit geophysikalischer Verfahren zur Untersuchung von Spateisengängen im Siegerland

Heft 41:
Techn.-Wissenschaftl. Büro für die Bastfaserindustrie, Bielefeld
Untersuchungsarbeiten zur Verbesserung des Leinenwebstuhles II

Heft 42:
Professor Dr. B. Helferich, Bonn
Untersuchungen über Wirkstoffe — Fermente — in der Kartoffel und die Möglichkeit ihrer Verwendung

Heft 43:
Forschungsgesellschaft Blechverarbeitung e. V., Düsseldorf
Forschungsergebnisse über das Beizen von Blechen

Heft 44:
Arbeitsgemeinschaft für praktische Dehnungsmessung, Düsseldorf
Eigenschaften und Anwendungen von Dehnungsmeßstreifen

Heft 45:
Losenhausenwerk Düsseldorfer Maschinenbau AG., Düsseldorf
Untersuchungen von störenden Einflüssen auf die Lastgrenzenanzeige von Dauerschwingprüfmaschinen

Heft 46:
Prof. Dr. W. Fuchs, Aachen
Untersuchungen über die Aufbereitung von Wasser für die Dampferzeugung in Benson-Kesseln

Heft 47:
Prof. Dr.-Ing. K. Krekeler, Aachen
Versuche über die Anwendung der induktiven Erwärmung zum Sintern von hochschmelzenden Metallen sowie zur Anlegierung und Vergütung von aufgespritzten Metallschichten mit dem Grundwerkstoff

Heft 48:
Max-Planck-Institut für Eisenforschung, Düsseldorf
Spektrochemische Analyse der Gefügebestandteile in Stählen nach ihrer Isolierung

Heft 49:
Max-Planck-Institut für Eisenforschung, Düsseldorf
Untersuchungen über Ablauf der Desoxydation und die Bildung von Einschlüssen in Stählen

Heft 50:
Max-Planck-Institut für Eisenforschung, Düsseldorf
Flammenspektralanalytische Untersuchung der Ferritzusammensetzung in Stählen

Heft 51:
Verein zur Förderung von Forschungs- und Entwicklungsarbeiten in der Werkzeugindustrie e. V., Remscheid
Untersuchungen an Kreissägeblättern für Holz,
Fehler- und Spannungsprüfverfahren

Heft 52:
Forschungsstelle für Azetylen, Dortmund
Untersuchungen über den Umsatz bei der explosiblen Zersetzung von Azetylen
a) Zersetzung von gasförmigem Azetylen,
b) Zersetzung von an Silikagel adsorbiertem Azetylen

Heft 53:
Professor Dr.-Ing. H. Opitz, Aachen
Reibwert- und Verschleißmessungen an Kunststoffgleitführungen für Werkzeugmaschinen

Heft 54:
Professor Dr.-Ing. F. A. F. Schmidt, Aachen
Schaffung von Grundlagen für die Erhöhung der spez. Leistung und Herabsetzung des spez. Brennstoffverbrauches bei Ottomotoren mit Teilbericht über Arbeiten an einem neuen Einspritzverfahren

Heft 55:
Forschungsgesellschaft Blechverarbeitung e. V., Düsseldorf
Chemisches Glänzen von Messing und Neusilber

Heft 56:
Forschungsgesellschaft Blechverarbeitung e. V., Düsseldorf
Untersuchungen über einige Probleme der Behandlung von Blechoberflächen

Heft 57:
Prof. Dr.-Ing. F. A. F. Schmidt, Aachen
Untersuchungen zur Erforschung des Einflusses des chemischen Aufbaues des Kraftstoffes auf sein Verhalten im Motor und in Brennkammern von Gasturbinen

Heft 58:
Gesellschaft für Kohlentechnik m. b. H., Dortmund
Herstellung und Untersuchung von Steinkohlenschwelteer

Heft 59:
Forschungsinstitut der Feuerfest-Industrie e. V., Bonn
Ein Schnellanalysenverfahren zur Bestimmung von Aluminiumoxyd, Eisenoxyd und Titanoxyd in feuerfestem Material mittels organischer Farbreagenzien auf photometrischem Wege
Untersuchungen des Alkali-Gehaltes feuerfester Stoffe mit dem Flammenphotometer nach Riehm-Lange

Heft 60:
Forschungsgesellschaft Blechverarbeitung e. V., Düsseldorf
Untersuchungen über das Spritzlackieren im elektrostatischen Hochspannungsfeld

Heft 61:
Verein zur Förderung von Forschungs- und Entwicklungsarbeiten in der Werkzeugindustrie e. V., Remscheid
Schwingungs- und Arbeitsverhalten von Kreissägeblättern für Holz

Heft 62:
Professor Dr. W. Franz, Institut für theoretische Physik der Universität Münster
Berechnung des elektrischen Durchschlags durch feste und flüssige Isolatoren

Heft 63:
Textilforschungsanstalt Krefeld
Neue Methoden zur Untersuchung der Wirkungsweise von Textilhilfsmitteln
Untersuchungen über Schlichtungs- und Entschlichtungsvorgänge

Heft 64:
Textilforschungsanstalt Krefeld
Die Kettenlängenverteilung von hochpolymeren Faserstoffen
Über die fraktionierte Fällung von Polyamiden

Heft 65:
Fachverband Schneidwarenindustrie, Solingen
Untersuchungen über das elektrolytische Polieren von Tafelmesserklingen aus rostfreiem Stahl

Heft 66:
Dr.-Ing. P. Füsgen VDI †, Düsseldorf
Untersuchungen über das Auftreten des Ratterns bei selbsthemmenden Schneckengetrieben und seine Verhütung

Heft 67:
Heinrich Wösthoff o. H. G., Apparatebau, Bochum
Entwicklung einer chemisch-physikalischen Apparatur zur Bestimmung kleinster Kohlenoxyd-Konzentrationen

Heft 68:
Kohlenstoffbiologische Forschungsstation e. V., Essen
Algengroßkulturen im Sommer 1952
II. Über die unsterile Großkultur von Scenedesmus obliquus

Heft 69:
Wäschereiforschung Krefeld
Bestimmung des Faserabbaues bei Leinen unter besonderer Berücksichtigung der Leinengarnbleiche

Heft 70:
Wäschereiforschung Krefeld
Trocknen von Wäschestoffen

Heft 71:
Prof. Dr.-Ing. K. Leist, Aachen
Kleingasturbinen, insbesondere zum Fahrzeugantrieb

Heft 72:
Prof. Dr.-Ing. K. Leist, Aachen
Beitrag zur Untersuchung von stehenden geraden Turbinengittern mit Hilfe von Druckverteilungsmessungen

Heft 73:
Prof. Dr.-Ing. K. Leist, Aachen
Spannungsoptische Untersuchungen von Turbinenschaufelfüßen

Heft 74:
Max-Planck-Institut für Eisenforschung, Düsseldorf
Versuche zur Klärung des Umwandlungsverhaltens eines sonderkarbidbildenden Chromstahls

Heft 75:
Max-Planck-Institut für Eisenforschung, Düsseldorf
Zeit-Temperatur-Umwandlungs-Schaubilder als Grundlage der Wärmebehandlung der Stähle

Heft 76:
Max-Planck-Institut für Arbeitsphysiologie, Dortmund
Arbeitstechnische und arbeitsphysiologische Rationalisierung von Mauersteinen

Heft 77:
Meteor Apparatebau Paul Schmeck G. m. b H., Siegen
Entwicklung von Leuchtstoffröhren hoher Leistung

Heft 78:
Forschungsstelle für Acetylen, Dortmund
Über die Zustandsgleichung des gasförmigen Acetylens und das Gleichgewicht Acetylen — Aceton

Heft 79:
Techn.-Wissenschaftl. Büro für die Bastfaserindustrie, Bielefeld
Trocknung von Leinengarnen III
Spinnspulen- und Spinnkopftrocknung
Vorgang und Einwirkung auf die Garnqualität

Heft 80:
Techn.-Wissenschaftl. Büro für die Bastfaserindustrie, Bielefeld
Die Verarbeitung von Leinengarn auf Webstühlen mit und ohne Oberbau

Heft 81:
Prüf- und Forschungsinstitut für Ziegeleierzeugnisse, Essen-Kray
Die Einführung des großformatigen Einheits-Gitterziegels im Lande Nordrhein-Westfalen

Heft 82:
Vereinigte Aluminium-Werke AG., Bonn
Forschungsarbeiten auf dem Gebiet der Veredelung von Aluminium-Oberflächen

Heft 83:
Prof. Dr. S. Strugger, Münster
Über die Struktur der Proplastiden

Heft 84:
Dr. H. Baron, Düsseldorf
Über Standardisierung von Wundtextilien

Heft 85:
Textilforschungsanstalt Krefeld
Physikalische Untersuchungen an Fasern, Fäden, Garnen und Geweben:
Untersuchungen am Knickscheuergerät nach Weltzien

Heft 86:
Prof. Dr.-Ing. H. Opitz, Aachen
Untersuchungen über das Fräsen von Baustahl sowie über den Einfluß des Gefüges auf die Zerspanbarkeit

Heft 87:
Gemeinschaftsausschuß Verzinken, Düsseldorf
Untersuchungen über Güte von Verzinkungen

Heft 88:
Gesellschaft für Kohlentechnik mbH., Dortmund-Eving
Oxydation von Steinkohle mit Salpetersäure

Heft 89:
Verein Deutscher Ingenieure, Gleitlagerforschung, Düsseldorf und Prof. Dr.-Ing. G. Vogelpohl, Göttingen
Versuche mit Preßstoff-Lagern für Walzwerke

Heft 90:
Forschungs-Institut der Feuerfest-Industrie, Bonn
Das Verhalten von Silikasteinen im Siemens-Martin-Ofengewölbe

Heft 91:
Forschungs-Institut der Feuerfest-Industrie, Bonn
Untersuchungen des Zusammenhangs zwischen Leistung und Kohlenverbrauch von Kammeröfen zum Brennen von feuerfesten Materialien

Heft 92:
Techn.-Wissenschaftl. Büro für die Bastfaserindustrie, Bielefeld und Laboratorium für textile Meßtechnik, M.-Gladbach
Messungen von Vorgängen am Webstuhl

Heft 93:
Prof. Dr. W. Kast, Krefeld
Spinnversuche zur Strukturerfassung künstlicher Zellulosefasern

Heft 94:
Prof. Dr. G. Winter, Bonn
Die Heilpflanzen des MATTHIOLUS (1611) gegen Infektionen der Harnwege und Verunreinigung der Wunden bzw. zur Förderung der Wundheilung im Lichte der Antibiotikaforschung

Heft 95:
Prof. Dr. G. Winter, Bonn
Untersuchungen über die flüchtigen Antibiotika aus der Kapuziner- (Tropaeolum maius) und Gartenkresse (Lepidium sativum) und ihr Verhalten im menschlichen Körper bei Aufnahme von Kapuziner- bzw. Gartenkressensalat per os

Heft 96:
Dr.-Ing. P. Koch, Dortmund
Austritt von Exoelektronen aus Metalloberflächen unter Berücksichtigung der Verwendung des Effektes für die Materialprüfung

Heft 97:
Ing. H. Stein, Laboratorium für textile Meßtechnik, M.-Gladbach
Untersuchung der Verzugsvorgänge an den Streckwerken verschiedener Spinnereimaschinen
2. Bericht: Ermittlung der Haft-Gleiteigenschaften von Faserbändern und Vorgarnen

Heft 98:
Fachverband Gesenkschmieden, Hagen
Die Arbeitsgenauigkeit beim Gesenkschmieden unter Hämmern

Heft 99:
Prof. Dr.-Ing. G. Garbotz, Aachen
Der Kraft- und Arbeitsaufwand sowie die Leistungen beim Biegen von Bewehrungsstählen in Abhängigkeit von den Abmessungen, den Formen und der Güte der Stähle (Ermittlung von Leistungsrichtlinien)

Heft 100:
Prof. Dr.-Ing. H. Opitz, Aachen
Untersuchungen von elektrischen Antrieben, Steuerungen und Regelungen an Werkzeugmaschinen

Heft 101:
Prof. Dr.-Ing. H. Opitz, Aachen
Wirtschaftlichkeitsbetrachtungen beim Außenrundschleifen

Heft 102:
Dr. P. Hölemann, Ing. R. Hasselmann und Ing. G. Dix, Dortmund
Untersuchungen über die thermische Zündung von explosiblen Acetylenzersetzungen in Kapillaren

Heft 103:
Prof. Dr. W. Weizel, Bonn
Durchführung von experimentellen Untersuchungen über den zeitlichen Ablauf von Funken in komprimierten Edelgasen sowie zu deren mathematischen Berechnung

Heft 104:
Prof. Dr. W. Weizel, Bonn
Über den Einfluß der Elektroden auf die Eigenschaften von Cadmium-Sulfid-Widerstands-Photozellen

Heft 105:
Dr.-Ing. R. Meldau, Harsewinkel/Westf.
Auswertung von Gekörn — Analysen des Musterstaubes „Flugasche Fortuna I"

Heft 106:
ORR. Dr.-Ing. W. Küch, Dortmund
Untersuchungen über die Einwirkung von feuchtigkeitsgesättigter Luft auf die Festigkeit von Leimverbindungen

Heft 107:
Prof. Dr. H. Lange und Dipl.-Phys. P. St. Pütter, Köln
Über die Konstruktion von Laboratoriumsmagneten

Heft 108:
Prof. Dr. W. Fuchs, Aachen
Untersuchungen über neue Beizmethoden und Beizabwässer
I. Die Entzunderung von Drähten mit Natriumhydrid
II. Die Aufbereitung von Beizabwässern

Heft 109:
Dr. P. Hölemann und Ing. R. Hasselmann, Dortmund
Untersuchungen über die Löslichkeit von Azetylen in verschiedenen organischen Lösungsmitteln

Heft 110:
Dr. P. Hölemann und Ing. R. Hasselmann, Dortmund
Untersuchungen über den Druckverlauf bei der explosiblen Zersetzung von gasförmigem Azetylen

Heft 111:
Fachverband Steinzeugindustrie, Köln
Die Entwicklung eines Gerätes zur Beschickung seitlicher Feuer von Steinzeug-Einzelkammeröfen mit festen Brennstoffen

Heft 112:
Prof. Dr.-Ing. H. Opitz, Aachen
Verschleißmessungen beim Drehen mit aktivierten Hartmetallwerkzeugen

Heft 113:
Prof. Dr. O. Graf, Dortmund
Erforschung der geistigen Ermüdung und nervösen Belastung: Studien über die vegetative 24-Stunden-Rhythmik in Ruhe und unter Belastung

Heft 114:
Prof. Dr. O. Graf, Dortmund
Studien über Fließarbeitsprobleme an einer praxisnahen Experimentieranlage

Heft 115:
Prof. Dr. O. Graf, Dortmund
Studium über Arbeitspausen in Betrieben bei freier und zeitgebundener Arbeit (Fließarbeit) und ihre Auswirkung auf die Leistungsfähigkeit

Heft 116:
Prof. Dr.-Ing. E. Siebel und Dr.-Ing. H. Weiss, Stuttgart
Untersuchungen an einigen Problemen des Tiefziehens — I. Teil

Heft 117:
Dr.-Ing. H. Beißwänger, Stuttgart, und Dr.-Ing. S. Schwandt, Trier
Untersuchungen an einigen Problemen des Tiefziehens — II. Teil

Heft 118:
Prof. Dr. E. A. Müller und Dr. H. G. Wenzel, Dortmund
Neuartige Klima-Anlage zur Erzeugung ungleicher Luft- und Strahlungstemperaturen in einem Versuchsraum

Heft 119:
Dr.-Ing. O. Viertel, Krefeld
Wäscherei- und energietechnische Untersuchung einer Gemeinschafts-Waschanlage

Heft 120:
Dipl.-Ing. Weisbecker, Lüdenscheid
Über Anfressung an Reinstaluminium-Schweißnähten bei der elektrolytischen Oxydation
Gebr. Hörstermann GmbH., Velbert
Entwicklung und Erprobung eines neuartigen Gummibandförderers

Heft 121:
Dr. H. Krebs, Bonn
I. Die Struktur und die Eigenschaften der Halbmetalle
II. Die Bestimmung der Atomverteilung in amorphen Substanzen
III. Die chemische Bindung in anorganischen Festkörpern und das Entstehen metallischer Eigenschaften

Heft 122:
Prof. Dr. W. Fuchs, Aachen
Untersuchungen zur Verbesserung der Wasseraufbereitung und Wasseranalyse:
Über die Schnellbewertung von Ionenaustauscher

Heft 123:
Dipl.-Ing. J. Emondts, Aachen
Über Bodenverformungen bei stark gestörtem und mächtigem, wasserführendem Deckgebirge im Aachener Steinkohlengebiet

Heft 124:
Prof. Dr. R. Seyffert, Köln
Wege und Kosten der Distribution der Hausratwaren im Lande Nordrhein-Westfalen

Heft 125:
Prof. Dr. E. Kappler, Münster
Eine neue Methode zur Bestimmung von Kondensations-Koeffizienten von Wasser

Heft 126:
Prof. Dr.-Ing. J. Mathieu, Aachen
Arbeitszeitvergleich
Grundlagen, Methodik und praktische Durchführung

Heft 127:
Güteschutz Betonstein e. V.,
Arbeitskreis Nordrhein-Westfalen, Dortmund
Die Betonwaren-Gütesicherung im Lande Nordrhein-Westfalen

Heft 128:
Prof. Dr. O. Schmitz-DuMont, Bonn
Untersuchungen über Reaktionen in flüssigem Ammoniak

Heft 129:
Prof. Dr.-Ing. J. Mathieu und Dr. C. A. Roos, Aachen
Die Anlernung von Industriearbeitern
I. Ergebnisse einer grundsätzlichen Untersuchung der gegenwärtigen Industriearbeiter-Kurzanlernung

Heft 130:
Prof.-Dr.-Ing. J. Mathieu und Dr. C. A. Roos, Aachen
Die Anlernung von Industriearbeitern
II. Beiträge zur Methodenfrage der Kurzanlernung

Heft 131:
Dr. W. Hoerburger, Köln
Versuche zur Biosynthese von Eiweiß aus Kohlenwasserstoff

Heft 132:
Prof. Dr. W. Seith, Münster
Über Diffusionserscheinungen in festen Metallen

Heft 133:
Prof. Dr. E. Jenckel, Aachen
Über einen für Schwermetalle selektiven Ionenaustauscher

Heft 134:
Prof. Dr.-Ing. H. Winterhager, Aachen
Über die elektrochemischen Grundlagen der Schmelzfluß-Elektrolyse von Bleisulfid in geschmolzenen Mischungen mit Bleichlorid

Heft 135:
Prof. Dr.-Ing. K. Krekeler und Dr.-Ing. H. Peukert, Aachen
Die Änderung der mechanischen Eigenschaften thermoplastischer Kunststoffe durch Warmrecken

Heft 136:
Dipl.-Phys. P. Pilz, Remscheid
Über spezielle Probleme der Zerkleinerungstechnik von Weichstoffen

Heft 137:
Prof. Dr. W. Baumeister, Münster
Beiträge zur Mineralstoffernährung der Pflanzen

Heft 138:
Dr. P. Hölemann und Ing. R. Hasselmann, Dortmund
Untersuchungen über die Zersetzungswärme von gasförmigem und in Azeton gelöstem Azetylen

Heft 139:
Prof. Dr. W. Fuchs, Aachen
Studien über die thermische Zersetzung der Kohle und die Kohlendestillatprodukte

Heft 140:
Dr.-Ing. G. Hausberg, Essen
Modellversuche an Zyklonen

Heft 141:
Dr. J. van Calker und Dr. R. Wienecke, Münster
Untersuchungen über den Einfluß dritter Analysenpartner auf die spektrochemische Analyse

Heft 142:
Dipl.-Ing. G. M. F. Wiebel, Hannover, A. Konermann und
A. Ottenheym, Sennelager
Entwicklung eines Kalksandleichtsteines

Heft 143:
Prof. Dr. F. Wever, Dr. A. Rose und Dipl.-Ing. W. Straßburg, Düsseldorf
Härtbarkeit und Umwandlungsverhalten der Stähle

Heft 144:
Prof. Dr. H. Wurmbach, Bonn
Steuerung von Wachstum und Formbildung

Heft 145:
Dr. G. Hennemann, Werdohl (Westf.)
Beitrag zur Interpretation der modernen Atomphysik

Heft 146:
Dr.-Ing. F. Gruß, Düsseldorf
Sterilisation mit Heißluft

Heft 147:
Dr.-Ing. W. Rudisch, Unna
Untersuchung einer drehelastischen Elektromagnet-Synchronkupplung

Heft 148:
Prof. Dr. H. Bittel und Dipl.-Phys. L. Storm, Münster
Untersuchungen über Widerstandsrauschen

Heft 149:
Dipl.-Ing. K. Konopicky und Dipl.-Chem. P. Kampa, Bonn
I. Beitrag zur flammenphotometrischen Bestimmung des Calciums
Dr.-Ing. K. Konopicky, Bonn
II. Die Wanderung von Schlackenbestandteilen in feuerfesten Baustoffen

Heft 150:
Prof. Dr.,Ing. O. Kienzle und Dipl.-Ing. W. Timmerbeil, Hannover
Das Durchziehen enger Kragen an ebenen Fein- und Mittelblechen

Heft 151:
Dipl.-Ing. P. Karabasch, Aachen
Feststellung des optimalen Gasgehaltes von Bronzen zur Erzielung druckdichter Gußstücke

Heft 152:
Dipl.-Ing. G. Müller, Köln
Ermittlung der Laufeigenschaften (Vergießbarkeit) von Bronze und Rotguß mittels der Schneider-Gießspirale

Heft 153:
Prof. Dr. F. Wever, Dr.-Ing. W. A. Fischer und
Dipl.-Ing. J. Engelbrecht, Düsseldorf
I. Die Reduktion sauerstoffhaltiger Eisenschmelzen im Hochvakuum mit Wasserstoff und Kohlenstoff
II. Einfluß geringer Sauerstoffgehalte auf das Gefüge und Alterungsverhalten von Reineisen

Heft 154:
Prof. Dr.-Ing. P. Bardenheuer und Dr.-Ing. W. A. Fischer, Düsseldorf
Die Verschlackung von Titan aus Stahlschmelzen im sauren und basischen Hochfrequenzofen unter verschiedenen Schlacken

Heft 155:
Dipl.-Phys. K. H. Schirmer, München
Die auf Grau abgestimmte Farbwiedergabe im Dreifarbenbuchdruck

Heft 156:
Prof. Dr.-Ing. B. von Borries und Mitarbeiter, Düsseldorf
Die Entwicklung regelbarer permanentmagnetischer Elektronenlinsen hoher Brechkraft und eines mit ihnen ausgerüsteten Elektronenmikroskopes neuer Bauart

Heft 157:
Dr. W. Jawtusch, Dr. G. Schuster und Prof. Dr.-Ing. R. Jaeckel, Bonn
Untersuchungen über die Stoßvorgänge zwischen neutralen Atomen und Molekülen

Heft 158:
Dipl.-Ing. W. Rosenkranz, Meinerzhagen
Ein Beitrag zum Problem der Spannungskorrosion bei Preßprofilen und Preßteilen aus Aluminium-Legierungen

Heft 159:
Dr.-Ing. O. Viertel und O. Oldenroth, Krefeld
Das Bleichen von Weißwäsche mit Wasserstoffsuperoxyd bzw. Natriumhypochlorit beim maschinellen Waschen

Heft 160:
Prof. Dr. W. Klemm, Münster
Über neue Sauerstoff- und Fluor-haltige Komplexe

Heft 161:
Prof. Dr. W. Weltzien und Dr. G. Hauschild, Krefeld
Über Silikone und ihre Anwendung in der Textilveredlung

Heft 162:
Prof. Dr. F. Wever, Prof. Dr. A. Knochendörfer und
Dr.-Ing. Chr. Rohrbach, Düsseldorf
Kennzeichnung der Sprödbruchneigung von Stählen durch Messung der Fließspannung, Reißspannung und Brucheinschnürung an dreiachsig beanspruchten Proben

Heft 163:
Dipl.-Ing. W. Rohs und Text.-Ing. H. Griese, Bielefeld
Untersuchungsarbeiten zur Verbesserung des Leinenwebstuhles III

Heft 164:
Dr.-Ing. H. Schmachtenberg, Köln
Neuartige Prüfeinrichtungen für Kraftfahrzeuge

Heft 165:
Dr.-Ing. W. Wilhelm, Aachen
Instationäre Gasströmung im Auspuffsystem eines Zweitaktmotors

Heft 166:
Prof. Dr. M. von Stackelberg, Dr. H. Heindze, Dr. H. Hübschke und Dr. K. H. Frangen, Bonn
Kolloidchemische Untersuchungen

Heft 167:
Prof. Dr.-Ing. F. Schuster, Essen
I. Über die Heißkarburierung von Brenngasen mit Ölen und Teeren
II. Die Strahlungsvorgänge in brennstoffbeheizten Öfen bei verschiedenen Verbrennungsatmosphären

Heft 168:
Prof. Dr.-Ing. F. Schuster, Essen
I. Luftvorwärmung an Gasfeuerungen
II. Heizwerthöhe von Brenngasen und Wirkungsgrad sowie Gasverbrauch bei der Gasverwendung
III. Sauerstoffangereicherte Luft und feuerungstechnische Kenngrößen von Brenngasen

Heft 169:
Forschungsinstitut für Pigmente und Lacke, Stuttgart
Arbeiten über die Bestimmung des Gebrauchswertes von Lackfilmen durch physikalische Prüfungen

Heft 170:
Prof. Dr. F. Wever, Dr. A. Rose und Dipl.-Ing. L. Rademacher, Düsseldorf
Anwendung der Umwandlungsschaubilder auf Fragen der Werkstoffauswahl beim Schweißen und Flammhärten

Heft 171:
Wäschereiforschung, Krefeld
Untersuchung der Wäscheentwässerung mit Hilfe von Zentrifugen und Pressen

Heft 172:
Dipl.-Ing. W. Rohs, Dr.-Ing. G. Satlow und Text.-Ing. G. Heller, Bielefeld
Trocknung von Hanfgarnen. Kreuzspultrocknung

Heft 173:
Prof. Dr. W. Kast, Krefeld, Prof. Dr. R. Hosemann und
Dipl.-Phys. G. Schoknecht, Berlin
Lichtoptische Herstellung und Diskussion der Faltungsquadrate parakristalliner Gitter

Heft 174:
Prof. Dr. W. von Fragstein, Dr. J. Meingast und H. Hoch, Köln
Herstellung von Solen einheitlicher Teilchengröße und Ermittlung ihrer optischen Eigenschaften

Heft 175:
Dr.-Ing. H. Zeller, Aachen
Beitrag zur eindimensionalen stationären und nichtstationären Gasströmung mit Reibung und Wärmeleitung insbesondere in Rohren mit unstetigen Querschnittsänderungen

Heft 176:
Dipl.-Ing. H. Schöberl, Duisburg
Über die Methoden zur Ermittlung der Verbrennungstemperatur von Brennstoffen und ein Vorschlag zu ihrer Verbesserung

Heft 177:
Dipl.-Ing. H. Stüdemann, Solingen, und Dr.-Ing. W. Müchler, Essen
Entwicklung eines Verfahrens zur zahlenmäßigen Bestimmung der Schneideigenschaften von Messerklingen

Heft 178:
Prof. Dr. M. von Stackelberg und Dr. W. Hans, Bonn
Untersuchungen zur Ausarbeitung und Verbesserung von polarographischen Analysenmethoden

Heft 179:
Dipl.-Ing. H. F. Reineke, Bochum
Entwicklungsarbeiten auf dem Gebiete der Meß- und Regeltechnik

Heft 180:
Dr.-Ing. W. Piepenburg, Dipl.-Ing. B. Bühling und Bauing. J. Behnke, Köln
Putzarbeiten im Hochbau und Versuche mit aktiviertem Mörtel und mechanischem Mörtelauftrag

Heft 181:
Prof. Dr. W. Franz, Münster
Theorie der elektrischen Leitvorgänge in Halbleitern und isolierenden Festkörpern bei hohen elektrischen Feldern

Heft 182:
Dr.-Ing. P. Schenk und Dr. K. Osterloh, Düsseldorf
Katalytisch-thermische Spaltung von gasförmigen und flüssigen Kohlenwasserstoffen zur Spitzengaserzeugung

Heft 183:
Dr. W. Bornheim, Köln
Entwicklungsarbeiten an Flaschen- und Ampullen-Behandlungsmaschinen für die pharmazeutische Industrie

Heft 184:
Dr.-Ing. E. Printz, Kettwig
Vollhydraulische Parallel-Kupplung für Ackerschlepper

Heft 185:
Dipl.-Ing. W. Rohs und Text.-Ing. G. Heller, Bielefeld
Studien an einem neuzeitlichen Kreuzspultrockner für Bastfasergarne mit Wiederbefeuchtungszone

Heft 186:
Dr. E. Wedekind, Krefeld
Untersuchungen zur Arbeitsbestgestaltung bei der Fertigstellung von Oberhemden in gewerblichen Wäschereien

Heft 187:
Dipl.-Ing. F. Göttgens, Essen
Über die Eigenarten der Bimetall-, Thermo- und Flammenionisationssicherungsmethode in ihrer Anwendung auf Zündsicherungen

Heft 188:
W. Kinnebrock, Langenberg
Der Einfluß des Austausches gleicher Gaskochbrenner bzw. Gaskochbrennerteile auf den Wirkungsgrad und insbesondere auf den CO-Gehalt der Verbrennungsgase

Heft 189:
Fa. E. Leybold's Nachfolger, Köln
I. Ausgewählte Kapitel aus der Vakuumtechnik
II. Zum Verlust anorganisch-nichtflüchtiger Substanzen während der Gefriertrocknung

Heft 190:
Prof. Dr. A. Neuhaus, Prof. Dr. O. Schmitz-DuMont und Dipl.-Chem. H. Reckhard, Bonn
Zur Kenntnis der Alkalititanate

Heft 191:
Dr.-Ing. H. Söhngen, Darmstadt
Schwingungsverhalten eines Schaufelkranzes im Vakuum

Heft 192:
Dipl.-Phys. E. M. Schneider, München
Kohlebogenlampen für Aufnahme und Kopie

Heft 193:
Prof. Dr. O. Schmitz-DuMont, Bonn
Untersuchungen über neue Pigmentfarbstoffe

Heft 194:
Dr. K. Hecht, Köln
Entwicklung neuartiger physikalischer Unterrichtsgeräte

Heft 195:
Dr.-Ing. E. Rößger, Köln
Gedanken über einen neuen deutschen Luftverkehr

Heft 196:
Dipl.-Ing. W. Rohs und Text.-Ing. H. Griese, Bielefeld
Auswirkungen von Garnfehlern bei der Verarbeitung von Leinengarnen

Heft 197:
Dr. E. Wedekind, Krefeld
Untersuchungen zur Bestimmung der optimalen Arbeitsplatzgröße bei Mehrstuhlarbeit in der Weberei

Heft 198:
Prof. Dr. J. Weissinger, Karlsruhe
Zur Aerodynamik des Ringflügels. Die Druckverteilung dünner, fast drehsymmetrischer Flügel in Unterschallströmung

Heft 199:
Textilforschungsanstalt Krefeld
Die Messung von Gewebetemperaturen mittels Temperaturstrahlung

Heft 200:
R. Seipenbusch, Langenberg (Rhld.)
Spitzengas durch Zusatz von Flüssiggas-, Wassergas- und Flüssiggas-Generatorgas-Gemischen zu Stadtgas

Heft 201:
Dr.-Ing. E. W. Pleines, Frankfurt a. M.
Die Sicherheit im Luftverkehr

Heft 202:
Dipl.-Ing. D. Fiecke, Stuttgart
Die Bestimmung der Flugzeugpolaren für Entwurfszwecke.
I. Teil: Unterlagen

Heft 203:
Dr. G. Wandel, Bonn
Uferbewachung und Lebendverbauung an den Nordwestdeutschen Kanälen und ihren Zuflüssen sowie an der Ruhr

Heft 204:
Dipl.-Ing. B. Naendorf, Langenberg (Rhld.)
Bestimmung der Brenneigenschaften und des Brennverhaltens verschiedener Gasarten und Einfluß verschiedener Düsengestaltung

Heft 205:
Dr. C. Schaarwächter, Düsseldorf
Über plastische Kupfer-Eisen-Phosphor-Legierungen

Heft 206:
Dr. P. Hölemann, Ing. R. Hasselmann und Ing. G. Dix, Dortmund
Untersuchungen über die Vorgänge bei der Zersetzung von in Azeton gelöstem Azetylen

Heft 207:
Prof. Dr.-Ing. H. Opitz, Dipl.-Ing. K. H. Fröhlich und Dipl.-Ing. H. Siebel, Aachen
Richtwerte für das Fräsen von unlegierten und legierten Baustählen mit Hartmetall. Teil I

Heft 208:
Prof. Dr.-Ing. H. Müller, Essen
Untersuchung von Elektrowärmegeräten für Laienbedienung hinsichtlich Sicherheit und Gebrauchsfähigkeit. I. Untersuchung an Kochplatten

Heft 209:
Dr. K. Bunge, Leverkusen
Materialabbau in Funkenentladungen. Untersuchungen an Zinkkathoden

Heft 210:
Dr. W. Porschen und Prof. Dr. W. Riezler, Bonn
Langlebige Alpha-Aktivitäten bei natürlichen Elementen

Heft 211:
Prof. Dipl.-Ing. W. Sturtzel und Dr.-Ing. W. Graff, Duisburg
Die Versuchsanstalt für Binnenschiffbau, Duisburg

Heft 212:
Dipl.-Ing. H. Spodig, Selm
Untersuchung zur Anwendung der Dauermagnete in der Technik

Heft 213:
Dipl.-Ing. K.-F. Rittinghaus, Aachen
Zusammenstellung eines Meßwagens für Bau- und Raumakustik

Heft 214:
Dr.-Ing. J. Endres, München
Berechnung der optimalen Leistungen, Kraftstoffverbräuche und Wirkungsgrade von Einkreis-Turbolader-Strahltriebwerken am Boden und in der Höhe bei Fluggeschwindigkeiten von 0 bis 2000 km/h

Heft 215:
Prof. Dr.-Ing. H. Opitz und Dr.-Ing. G. Weber, Aachen
Einfluß der Wärmebehandlung von Baustählen auf Spanentstehung, Schnittkraft und Standzeitverhalten

Heft 216:
Dr. E. Kloth, Köln
Untersuchungen über die Ausbreitung kurzer Schallimpulse bei der Materialprüfung mit Ultraschall

Heft 217:
Rationalisierungs-Kuratorium der Deutschen Wirtschaft (RKW), Frankfurt a. M.
Typenvielzahl bei Haushaltgeräten und Möglichkeiten einer Beschränkung

Heft 218:
Dr. F. Keune, Aachen
Bericht über eine Theorie der Strömung um Rotationskörper ohne Anstellung bei Machzahl Eins

Heft 219:
Prof. Dr. W. Fuchs, Aachen
Untersuchungen zur Holzabfallverwertung und zur Chemie des Lignins

Heft 220:
Prof. Dr. W. Fuchs, Aachen
Entwicklung neuer Regel- und Kontroll-Apparate zur coulometrischen Analyse

Heft 221:
Dr. W. Meyer-Eppler, Bonn
Experimentelle Untersuchungen zum Mechanismus von Stimme und Gehör in der lautsprachlichen Kommunikation

Heft 222
Dr. L. Köllner und Dipl.-Volkswirt M. Kaiser, Münster
Die internationale Wettbewerbsfähigkeit der westdeutschen Wollindustrie

Heft 223:
Dr.-Ing. K. Alberti und Dr. F. Schwarz, Köln
Über das Problem Hartbrand-Weichbrand

Heft 224:
Dipl.-Ing. H. Stüdemann und Ing. R. Beu, Solingen
Verfahren zur Prüfung der Korrosionsbeständigkeit von Messerklingen aus rostfreiem Stahl

Heft 225:
Dr.-Ing. E. Barz, Remscheid
Der Spannungszustand von Gattersägeblättern

Heft 226:
Techn.-Wissenschaftl. Büro für die Bastfaserindustrie, Bielefeld
Untersuchungen zur Verbesserung des Leinenwebstuhles IV. Die Wirkung verschiedener Kettbaumbremsen auf die Verwebung von Leinengarnen

Heft 227
Prof. Dr. F. Wever, Düsseldorf und Dr. W. Wepner, Köln
Untersuchung der Alterungsneigung von weichen und unlegierten Stählen durch Härteprüfung bei Temperaturen bis 300° C

Heft 228
Prof. Dr. F. Wever, Dr. W. Koch, Düsseldorf und Dr. B. A. Steinkopf, Dortmund
Spektrochemische Grundlagen der Analyse von Gemischen aus Kohlenmonoxyd, Wasserstoff und Stickstoff

Heft 229:
Prof. Dr. F. Wever, Dr. W. Koch und Dr.-Ing. Malissa, Düsseldorf
Über die Anwendung disubstituierter Dithiocarbamate in der analytischen Chemie

Heft 230:
Prof. Dr. F. Wever, Düsseldorf und Dr. W. Wepner, Köln
Bestimmung kleiner Kohlenstoffgehalte im α-Eisen durch Dämpfungsmessung

VERÖFFENTLICHUNGEN DER ARBEITSGEMEINSCHAFT FÜR FORSCHUNG DES LANDES NORDRHEIN-WESTFALEN

Naturwissenschaften

Heft 1:
Prof. Dr.-Ing. F. Seewald, Aachen
Neue Entwicklungen auf dem Gebiet der Antriebsmaschinen
Prof. Dr.-Ing. F. A. F. Schmidt, Aachen
Technischer Stand und Zukunftsaussichten der Verbrennungsmaschinen, insbesondere der Gasturbinen
Dr.-Ing. R. Friedrich, Mülheim (Ruhr)
Möglichkeiten und Voraussetzungen der industriellen Verwertung der Gasturbine

Heft 2:
Prof. Dr.-Ing. W. Riezler, Bonn
Probleme der Kernphysik
Prof. Dr. Micheel, Münster
Isotope als Forschungsmittel in der Chemie und Biochemie

Heft 3:
Prof. Dr. E. Lehnartz, Münster
Der Chemismus der Muskelmaschine
Prof. Dr. G. Lehmann, Dortmund
Physiologische Forschung als Voraussetzung der Bestgestaltung der menschlichen Arbeit
Prof. Dr. H. Kraut, Dortmund
Ernährung und Leistungsfähigkeit

Heft 4:
Prof. Dr. F. Wever, Düsseldorf
Aufgaben der Eisenforschung
Prof. Dr.-Ing. H. Schenck, Aachen
Entwicklungslinien des deutschen Eisenhüttenwesens
Prof. Dr.-Ing. M. Haas, Aachen
Wirtschaftliche Bedeutung der Leichtmetalle und ihre Entwicklungsmöglichkeiten

Heft 5:
Prof. Dr. W. Kikuth, Düsseldorf
Virusforschung
Prof. Dr. R. Danneel, Bonn
Fortschritte der Krebsforschung
Prof. Dr. W. Schulemann, Bonn
Wirtschaftliche und organisatorische Gesichtspunkte für die Verbesserung unserer Hochschulforschung

Heft 6:
Prof. Dr. W. Weizel, Bonn
Die gegenwärtige Situation der Grundlagenforschung in der Physik
Prof. Dr. S. Strugger, Münster
Das Duplikantenproblem in der Biologie
Direktor Dr. F. Gummert, Essen
Überlegungen zu den Faktoren Raum und Zeit im biologischen Geschehen und Möglichkeiten einer Nutzanwendung

Heft 7:
Prof. Dr.-Ing. A. Götte, Aachen
Steinkohle als Rohstoff und Energiequelle
Prof. Dr. Dr. E. h. K. Ziegler, Mülheim/Ruhr
Über Arbeiten des Max-Planck-Institutes für Kohlenforschung

Heft 8:
Prof. Dr.-Ing. W. Fucks, Aachen
Die Naturwissenschaft, die Technik und der Mensch
Prof. Dr. W. Hoffmann, Münster
Wirtschaftliche und soziologische Probleme des technischen Fortschritts

Heft 9:
Prof. Dr.-Ing. F. Bollenrath, Aachen
Zur Entwicklung warmfester Werkstoffe
Prof. Dr. H. Kaiser, Dortmund
Stand spektralanalytischer Prüfverfahren und Folgerung für deutsche Verhältnisse

Heft 10:
Prof. Dr. H. Braun, Bonn
Möglichkeiten und Grenzen der Resistenzzüchtung
Prof. Dr.-Ing. C. H. Dencker, Bonn
Der Weg der Landwirtschaft von der Energieautarkie zur Fremdenergie

Heft 11:
Prof. Dr.-Ing. H. Opitz, Aachen
Entwicklungslinien der Fertigungstechnik in der Metallbearbeitung
Prof. Dr.-Ing. K. Krekeler, Aachen
Stand und Aussichten der schweißtechnischen Fertigungsverfahren

Heft 12:
Dr. H. Rathert, Wuppertal-Elberfeld
Entwicklung auf dem Gebiet der Chemiefaser-Herstellung
Prof. Dr. W. Weltzien, Krefeld
Rohstoff und Veredlung in der Textilwirtschaft

Heft 13:
Dr.-Ing. E. h. K. Herz, Frankfurt a. M.
Die technischen Entwicklungstendenzen im elektrischen Nachrichtenwesen
Staatssekretär Prof. L. Brandt, Düsseldorf
Navigation und Luftsicherung

Heft 14:
Prof. Dr. B. Helferich, Bonn
Stand der Enzymchemie und ihre Bedeutung
Prof. Dr. H. W. Knipping, Köln
Ausschnitt aus der klinischen Carcinomforschung am Beispiel des Lungenkrebses

Heft 15:
Prof. Dr. A. Esau, Aachen
Ortung mit elektrischen und Ultraschallwellen in Technik und Natur
Prof. Dr.-Ing. E. Flegler, Aachen
Die ferromagnetischen Werkstoffe der Elektrotechnik und ihre neueste Entwicklung

Heft 16:
Prof. Dr. R. Seyffert, Köln
Die Problematik der Distribution
Prof. Dr. Theodor Beste, Köln
Der Leistungslohn

Heft 17:
Prof. Dr.-Ing. Seewald, Aachen
Luftfahrtforschung in Deutschland und ihre Bedeutung für die allgemeine Technik
Prof. Dr.-Ing. E. Houdremont, Essen
Art und Organisation der Forschung in einem Industrieforschungsinstitut der Eisenindustrie

Heft 18:
Prof. Dr. W. Schulemann, Bonn
Theorie und Praxis pharmakologischer Forschung
Prof. Dr. W. Groth, Bonn
Technische Verfahren zur Isotopentrennung

Heft 19:
Dipl.-Ing. K. Traenckner, Essen
Entwicklungstendenzen der Gaserzeugung

Heft 20:
M. Zvegintzow, London
Wissenschaftliche Forschung und die Auswertung ihrer Ergebnisse
Ziel u. Tätigkeit der National Research Development Corporation
Dr. A. King, London
Wissenschaft und internationale Beziehungen

Heft 21:
Prof. Dr. R. Schwarz, Aachen
Wesen und Bedeutung der Silicium-Chemie
Prof. Dr. Dr. h. c. K. Alder, Köln
Fortschritte in der Synthese von Kohlenstoffverbindungen

Heft 21 a
Prof. Dr. Dr. h. c. O. Hahn, Göttingen
Die Bedeutung der Grundlagenforschung für die Wirtschaft
Prof. Dr. S. Strugger, Münster
Die Erforschung des Wasser- und Nährsalztransportes im Pflanzenkörper mit Hilfe der fluoreszenzmikroskopischen Kinematographie

Heft 22:
Prof. Dr. J. von Allesch, Göttingen
Die Bedeutung der Psychologie im öffentlichen Leben
Prof. Dr. O. Graf, Dortmund
Triebfedern menschlicher Leistung

Heft 23:
Prof. Dr. Dr. h. c. B. Kuske, Köln
Zur Problematik der wirtschaftswissenschaftlichen Raumforschung
Prof. Dr. Dr.-Ing. E. h. St. Prager, Düsseldorf
Städtebau und Landesplanung

Heft 24:
Prof. Dr. R. Danneel, Bonn
Über die Wirkungsweise der Erbfaktoren
Prof. Dr. K. Herzog, Krefeld
Bewegungsbedarf der menschlichen Gliedmaßengelenke bei der Berufsarbeit

Heft 25:
Prof. Dr. O. Haxel, Heidelberg
Energiegewinnung aus Kernprozessen
Dr.-Ing. Dr. M. Wolf, Düsseldorf
Gegenwartsprobleme der energiewirtschaftlichen Forschung

Heft 26:
Prof. Dr. F. Becker, Bonn
Ultrakurzwellenstrahlung aus dem Weltraum
Dr. H. Straßl, Bonn
Bemerkenswerte Doppelsterne und das Problem der Sternentwicklung

Heft 27:
Prof. Dr. H. Behnke, Münster
Der Strukturwandel der Mathematik in der ersten Hälfte des 20. Jahrhunderts
Prof. Dr. E. Sperner, Hamburg
Eine mathematische Analyse der Luftdruckverteilung in großen Gebieten

Heft 28:
Prof. Dr. O. Niemczyk, Aachen
Die Problematik gebirgsmechanischer Vorgänge im Steinkohlenbergbau
Prof. Dr. W. Ahrens, Krefeld
Die Bedeutung geologischer Forschung für die Wirtschaft besonders in Nordrhein-Westfalen

Heft 29:
Prof. Dr. B. Rensch, Münster
Das Problem der Residuen bei Lernleistungen
Prof. Dr. H. Fink, Köln
Über Leberschäden bei der Bestimmung des biologischen Wertes verschiedener Eiweiße von Mikroorganismen

Heft 30:
Prof. Dr.-Ing. F. Seewald, Aachen
Forschungen auf dem Gebiete der Aerodynamik
Prof. Dr.-Ing. K. Leist, Aachen
Forschungen in der Gasturbinentechnik

Heft 31:
Prof. Dr.-Ing. Dr. h. c. F. Mietzsch, Wuppertal
Chemie und wirtschaftliche Bedeutung der Sulfonamide
Prof. Dr. Dr. h. c. G. Domagk, Wuppertal
Die experimentellen Grundlagen der bakteriellen Infektionen

Heft 32:
Prof. Dr. H. Braun, Bonn
Die Verschleppung von Pflanzenkrankheiten und -schädlingen über die Welt
Prof. Dr. W. Rudorf, Voldagsen
Der Beitrag von Genetik und Züchtung zur Bekämpfung von Viruskrankheiten der Nutzpflanzen

Heft 33:
Prof. Dr.-Ing. V. Aschoff, Aachen
Probleme der elektroakustischen Einkanalübertragung
Prof. Dr.-Ing. H. Döring, Aachen
Erzeugung und Verstärkung von Mikrowellen

Heft 34:
Geheimrat Prof. Dr. Dr. R. Schenck, Aachen
Bedingungen und Gang der Kohlenhydratsynthese im Licht
Prof. Dr. E. Lehnartz, Münster
Die Endstufen des Stoffabbaues im Organismus

Heft 35:
Prof. Dr.-Ing. H. Schenck, Aachen
Gegenwartsprobleme der Eisenindustrie in Deutschland
Prof. Dr.-Ing. Piwowarsky †, Aachen
Gelöste und ungelöste Probleme im Gießereiwesen

Heft 36:
Prof. Dr. W. Riezler, Bonn
Teilchenbeschleuniger
Prof. Dr. G. Schubert, Hamburg
Anwendung neuer Strahlenquellen in der Krebstherapie

Heft 37:
Prof. Dr. F. Lotze, Münster
Probleme der Gebirgsbildung
Bergwerksdirektor Bergassessor a. D. Rauschenbach, Essen
Die Erhaltung der Förderungskapazität des Ruhrbergbaues auf lange Sicht

Heft 38:
Dr. E. C. Cherry, London
Kybernetik
Prof. Dr. E. Pietsch, Clausthal-Zellerfeld
Dokumentation und mechanisches Gedächtnis — zur Frage der Ökonomie der geistigen Arbeit

Heft 39:
Dr. H. Haase, Hamburg
Infrarot und seine technischen Anwendungen
Prof. Dr. A. Esau, Aachen
Die Bedeutung des Ultraschalls für technische Anwendungsgebiete

Heft 40:
Bergassessor F. Lange, Bochum-Hordel
Die wirtschaftliche und soziale Bedeutung der Silikose im Bergbau
Prof. Dr. W. Kikuth, Düsseldorf
Die Entstehung der Silikose und ihre Verhütungsmaßnahmen

Heft 40 a:
Prof. Dr. E. Gross, Bonn
Berufskrebs und Krebsforschung
Prof. Dr. H. W. Knipping, Köln
Die Situation der Krebsforschung vom Standpunkt der Klinik

Heft 41:
Dr.-Ing. G. V. Lachmann, Teddington
An einer neuen Entwicklungsschwelle im Flugzeugbau
Dr. A. Gerber, Zürich
Stand der Entwicklung der Raketen- und Lenktechnik

Heft 42:
Prof. Dr. T. Kraus, Köln
Lokalisationsphänomene und Raumordnung vom Standpunkt der geographischen Wissenschaft
Direktor Dr. F. Gummert, Essen
Vom Ernährungsversuchsfeld der Kohlenstoffbiologischen Forschungsstation Essen (Ein 6 Jahre lang durchgeführter Versuch, einen Menschen aus dem Ertrag von 1250 qm zu ernähren)

Heft 42 a:
Prof. Dr. Dr. h. c. G. Domagk, Wuppertal
Fortschritte auf dem Gebiet der experimentellen Krebsforschung

Heft 43:
Prof. G. Lampariello, Rom
Über Leben und Werk von Heinrich Hertz
Prof. Dr. W. Weizel, Bonn
Über das Problem der Kausalität in der Physik

Heft 43 a:
Prof. Dr. J. Mª Albareda, Madrid
Die Entwicklung der Forschung in Spanien

Heft 44:
Prof. Dr. B. Helferich, Bonn
Über Glykose
Prof. Dr. F. Micheel, Münster
Kohlenhydrat-Eiweiß-Verbindungen und ihre bio-chemische Bedeutung

Heft 45:
Prof. Dr. J. von Neumann, Princeton/USA
Entwicklung und Ausnutzung neuerer mathematischer Maschinen
Prof. Dr. E. Stiefel, Zürich
Rechenautomaten im Dienste der Technik mit Beispielen aus dem Züricher Institut für angewandte Mathematik

Heft 46:
Prof. Dr. W. Weltzien, Krefeld
Ausblick auf die Entwicklung synthetischer Fasern
Prof. Dr. W. Hoffmann, Münster
Wachstumsformen der Industriewirtschaft

Heft 47:
Staatssekretär Prof. L. Brandt, Düsseldorf
Die praktische Förderung der Forschung in Nordrhein-Westfalen
Prof. Dr: L. Raiser, Bad Godesberg
Die Förderung der angewandten Forschung durch die Deutsche Forschungsgemeinschaft

Heft 48:
Dr. H. Tromp, Rom
Bestandsaufnahme der Wälder der Welt als internationale und wissenschaftliche Aufgabe
Prof. Dr. F. Heske, Schloß Reinbek
Die Wohlfahrtswirkungen des Waldes als internationales Problem

Heft 49:
Präsident Dr. G. Böhnecke, Hamburg
Zeitfragen der Ozeanographie
Reg. Direktor Dr. H. Gabler, Hamburg
Nautische Technik und Schiffssicherheit

Heft 50:
Prof. Dr.-Ing. F. A. F. Schmidt, Aachen
Probleme der Selbstentzündung und Verbrennung bei der Entwicklung der Hochleistungskraftmaschinen
Prof. Dr.-Ing. A. W. Quick, Aachen
Ein Verfahren zur Untersuchung des Austauschvorganges in verwirbelten Strömungen hinter Körpern mit abgelöster Strömung

Heft 51:
Prof. Dr. S. Strugger, Münster
Struktur, Entwicklungsgeschichte und Physiologie der Chloroplasten
Direktor Dr. J. Pätzold, Erlangen
Therapeutische Anwendung mechanischer und elektrischer Energie

VERÖFFENTLICHUNGEN DER ARBEITSGEMEINSCHAFT FÜR FORSCHUNG DES LANDES NORDRHEIN-WESTFALEN

Geisteswissenschaften

Heft 1:
Prof. Dr. W. Richter, Bonn
Die Bedeutung der Geisteswissenschaften für die Bildung unserer Zeit
Prof. Dr. J. Ritter, Münster
Die aristotelische Lehre vom Ursprung und Sinn der Theorie

Heft 2:
Prof. Dr. J. Kroll, Köln
Elysium
Prof. Dr. G. Jachmann, Köln
Die vierte Ekloge Vergils

Heft 3:
Prof. Dr. H. Stier, Münster
Die klassische Demokratie

Heft 4:
Prof. Dr. W. Caskel, Köln
Lihyan und Lihyanisch, Sprache und Kultur eines früharabischen Königreiches

Heft 5:
Prof. Dr. T. Ohm, Münster
Stammesreligionen im südlichen Tanganyika-Territorium

Heft 6:
Prälat Prof. Dr. Dr. h. c. G. Schreiber, Münster
Deutsche Wissenschaftspolitik von Bismarck bis zum Atomwissenschaftler Otto Hahn

Heft 7:
Prof. Dr. W. Holtzmann, Bonn
Das mittelalterliche Imperium und die werdenden Nationen

Heft 8:
Prof. Dr. W. Caskel, Köln
Die Bedeutung der Beduinen in der Geschichte der Araber

Heft 9:
Prälat Prof. Dr. Dr. h. c. G. Schreiber, Münster
Iroschottische Motive im abendländischen Sakralraum

Heft 10:
Prof. Dr. P. Rassow
Forschungen zur Reichsidee im 16. und 17. Jahrhundert

Heft 11:
Prof. Dr. H. E. Stier, Münster
Roms Aufstieg zur Weltherrschaft

Heft 12:
Prof. D. K. Rengstorf, Münster
Mann und Frau im Urchristentum
Prof. Dr. H. Conrad, Bonn
Grundprobleme einer Reform des Familienrechts

Heft 13:
Prof. Dr. M. Braubach, Bonn
Der Weg zum 20. Juli 1944 — Ein Forschungsbericht

Heft 14:
Prof. Dr. P. Hübinger, Münster
Das deutsch-französische Verhältnis und seine mittelalterlichen Grundlagen

Heft 15:
Prof. Dr. F. Steinbach, Bonn
Der geschichtliche Weg des wirtschaftenden Menschen in die soziale Freiheit und politische Verantwortung

Heft 16:
Prof. Dr. J. Koch, Köln
Die Ars coniecturalis des Nikolaus von Cues

Heft 17:
Prof. Dr. J. Conant, US-Hochkommissar für Deutschland
Staatsbürger und Wissenschaftler
Prof. D. K. H. Rengstorf, Münster
Antike und Christentum

Heft 18:
Prof. Dr. R. Alewyn, Köln
Klopstocks Publikum

Heft 19:
Prof. Dr. F. Schalk, Köln
Das Lächerliche in der französischen Literatur des Ancien Régime

Heft 20:
Prof. Dr. L. Raiser, Bad Godesberg
Rechtsfragen der Mitbestimmung

Heft 21:
Prof. D. M. Noth, Bonn
Das Geschichtsverständnis der alttestamentlichen Apokalyptik

Heft 22:
Prof. Dr. W. F. Schirmer, Bonn
Glück und Ende des Königs in Shakespeares Historien

Heft 23:
Prof. Dr. G. Jachmann, Köln
Der homerische Schiffskatalog und die Ilias

Heft 24:
Prof. Dr. T. Klauser, Bonn
Die römischen Petrustraditionen im Lichte der neuen Ausgrabungen unter der Peterskirche

Heft 25:
Prof. Dr. H. Peters, Köln
Die Gewaltentrennung in moderner Sicht

Heft 26:
Prof. Dr. F. Schalk, Köln
Calderon und die Mythologie

Heft 27:
Prof. Dr. J. Kroll, Köln
Vom Leben geflügelter Worte

Heft 28:
Prof. Dr. T. Ohm, Münster
Die Religionen in Asien

Heft 29:
Prof. Dr. L. Weisgerber, Bonn
Die Ordnung der Sprache im persönlichen und öffentlichen Leben

Heft 30:
Prof. Dr. W. Caskel, Köln
Entdeckungen in Arabien

Heft 31:
Prof. Dr. M. Braubach, Bonn
Entstehung und Entwicklung der landesgeschichtlichen Bestrebungen und historischen Vereine im Rheinland

Heft 32:
Prof. Dr. F. Schalk, Köln
Somnium und verwandte Wörter in den romanischen Sprachen

Heft 33:
Prof. Dr. F. Dessauer, Frankfurt a. M.
Erbe und Zukunft des Abendlandes

Heft 34:
Prof. Dr. T. Ohm, Münster
Ruhe und Frömmigkeit

Heft 35:
Prof. Dr. H. Conrad, Bonn
Die mittelalterliche Besiedlung des deutschen Ostens und das deutsche Recht

Heft 36:
Prof. Dr. H. Sckommodau, Köln
Die religiösen Dichtungen Margaretes von Navarra

Heft 37:
Prof. Dr. H. von Einem, Bonn
Der Kopf mit der Binde des Meisters von Naumburg

Heft 38:
Prof. Dr. J. Höffner, Münster
Statik und Dynamik in der scholastischen Wirtschaftsethik

Heft 39:
Prof. Dr. F. Schalk, Köln
Diderots Essai über Claudius und Nero

Heft 40:
Prof. Dr. G. Kegel, Köln
Probleme des internationalen Enteignungs- und Währungsrechts

Heft 41:
Prof. Dr. L. Weisgerber, Bonn
Die Grenzen der Schrift

Heft 42:
Prof. Dr. R. Alewyn, Köln
Von der Empfindsamkeit zur Romantik

Heft 43:
Prof. Dr. T. Schieder, Köln
Die Probleme des Rapallo-Vertrages 1922

Heft 44:
Prof. Dr. A. Rumpf, Köln
Stilphasen der spätantiken Kunst

If you have any concerns about our products,
you can contact us on
ProductSafety@springernature.com

In case Publisher is established outside the EU,
the EU authorized representative is:
**Springer Nature Customer Service Center GmbH
Europaplatz 3, 69115 Heidelberg, Germany**

Printed by Libri Plureos GmbH
in Hamburg, Germany